ZEITSCHRIFT FÜR ANGEWANDTE GEOLOGIE

HERAUSGEGEBEN VON
DEM ZENTRALEN GEOLOGISCHEN INSTITUT
UND DER ZENTRALEN VORRATSKOMMISSION
DER DEUTSCHEN DEMOKRATISCHEN REPUBLIK

AUS DEM INHALT

AKADEMIE-VERLAG · BERLIN

BAND 10 / HEFT 8
AUGUST 1964
SEITE 393—448

	INHALT	СОДЕРЖАНИЕ	CONTENTS	

Die ZEITSCHRIFT FÜR ANGEWANDTE GEOLOGIE berichtet ständig über folgende Arbeitsgebiete: Geologische Grundlagenforschung und Lagerstättenforschung / Methodik der geologischen Erkundung / Ökonomie und Planung der geologischen Erkundung / Technik der geologischen Erkundung / Geologie und Lagerstättenkunde im Ausland. In der Zeitschrift können alle strittigen Fragen der praktischen Geologie behandelt werden. Die Autoren übernehmen für ihre Aufsätze die übliche Verantwortung.

ZEITSCHRIFT FÜR ANGEWANDTE GEOLOGIE

KOLLEKTIVE CHEFREDAKTION

Dr. K. KAUTER (Redaktionssekretär)
Dr. F. STAMMBERGER
Dr. G. TISCHENDORF
Dipl.-Berging.-Geol. G. ZINDLER

BAND 10 · AUGUST 1964 · HEFT 8

Ökonomische Fragen der Planung und Durchführung geologischer Untersuchungsarbeiten auf Erdöl und Erdgas[1])

WOLF HESSMANN, Berlin

Vorbemerkung

In seinem Diskussionsbeitrag auf dem 5. Plenum: „Klare Perspektive für junge Erdölindustrie", stellte Genosse HARRY TISCH fest, daß „. . . schlecht gelöste Fachfragen tiefe ideologische Wirkungen haben und andererseits ideologische Ursachen da sind, weil die Fachfragen nicht gelöst werden . . .". Er sagte weiter: „. . . was fehlt, ist eine klare Konzeption der Geologischen Kommission, wie man das neue ökonomische System der Planung und Leitung der Volkswirtschaft im Bereich der Erdöl- und Erdgaserkundung durchsetzen will".

In Auswertung des VI. Parteitags, der Wirtschaftskonferenz, eines entsprechenden Ministerratsbeschlusses und in Vorbereitung des 5. Plenums haben in den vergangenen Wochen und Monaten im Kreise der Fachkollegen umfangreiche Diskussionen über die spezifischen ökonomischen Probleme in der Geologie stattgefunden. Zur Erreichung der geforderten Klarheit und einer richtigen Konzeption der ökonomischen Politik in der Geologie scheint es jetzt erforderlich, mit der öffentlichen Diskussion der hierzu gehörenden Fachfragen zu beginnen.

Die volkswirtschaftlichen Aufgaben des „Industriezweigs Geologie" und die Spezifik seiner „Produktion"

Einer Untersuchung über die Wirkungsweise ökonomischer Gesetze im Bereich der geologischen Untersuchungsarbeiten auf Erdöl und Erdgas muß eine Analyse der Eigenart dieses „Industriezweigteils" bzw. Teilbereichs vorangehen.

Die allgemein anerkannte volkswirtschaftliche Aufgabe der Geologie, maximale Mengen an Vorräten mineralischer Rohstoffe mit geringstem materiellem, finanziellem und zeitlichem Aufwand nachzuweisen, zu erkunden und zur Nutzung zu übergeben, wird im Hinblick auf die erdölgeologischen Aufgaben durch die Forderung nach einer schnellen und möglichst hohen Förderung von Erdöl und Erdgas erweitert. Grundsätzlich festzuhalten ist jedoch hierbei, daß eine Förderung von Erdöl und Erdgas ebenso auf berechneten und von der Zentralen Vorratskommission zu bestätigenden Vorräten basieren muß wie die Gewinnung von Kali, Braunkohle oder anderen festen mineralischen Rohstoffen. Somit ergibt sich, daß auch bei den erdölgeologischen Such- und Erkundungsarbeiten das entscheidende volkswirtschaftliche Ergebnis (Produkt) die Summe der erkundeten, bestätigten und industriell gewinnbaren Vorräte ist. Dieser Tatsache hat die Planung, Bilanzierung, Verflechtung und Abrechnung Rechnung zu tragen.

Allerdings erschwert der komplizierte Prozeß der geologischen Forschungs-, Such- und Erkundungsarbeiten zur Zeit noch eine solch straffe Ausrichtung der Planung und Durchführung aller geologischen Arbeiten ausschließlich auf die Lösung der volkswirtschaftlichen Aufgaben.

Jede diesbezügliche Betrachtung muß von den Tatsachen ausgehen, daß der Gegenstand aller geologischen Untersuchungsarbeiten der natürliche Teil der Erdkruste innerhalb der Grenzen unseres Staates ist und daß die in den Schichtenfolgen und Gesteinen vorhandenen Mineralvorkommen und Lagerstätten volkswirtschaftlich interessierender Bodenschätze in ihrer Verteilung (räumlichen Anordnung, Vorhandensein oder Fehlen) und in ihrer Qualität und Quantität von den geologischen (Natur-)Gesetzen bestimmt werden und abhängen.

Die geologischen Untersuchungsarbeiten, also die allgemeine regionale Erforschung des Territoriums zur Klärung der geologischen Verhältnisse und der Erdöl- und Erdgasperspektive, die gerichtete Suche zum Nachweis höffiger und kohlenwasserstofführender Strukturen und die Erkundung gefundener Vorkommen und Lagerstätten, haben bis in ihre letzte Etappe streng genommen den Charakter von Forschungsarbeiten und erfolgen in Form von geophysikalischen Vermessungen, Bohrungen und der wissenschaftlichen Auswertung ihrer Ergebnisse. Erst durch diese wissenschaftliche Interpretation der gemessenen Kurven und Profile, der Kerne und Spülproben, der petrophysikalischen, chemischen, paläontologischen usw. Analysen erhalten wir die notwendigen Teilergebnisse und Grundlagen für das gewünschte und volkswirtschaftlich interessierende Endergebnis „nachgewiesener, erkundeter und berechneter Mineralvorrat". Die anfallenden Kosten für die Leistungen sind deshalb eben nur der Ausdruck der aufzuwendenden bzw. bereits aufgewandten Mittel für alle diese Arbeiten. Das produzierte „Ergebnis", die

[1]) Eingang des Manuskripts in der Redaktion: 14. 4. 1964

„Warenproduktion", ist das erreichte geologische Ergebnis, dessen volkswirtschaftlich entscheidender Teil eben der mineralische Vorrat an Erdöl und Erdgas darstellt. Die technischen Arbeiten sind nur Mittel zum Zweck, sind notwendige Voraussetzungen für den Nachweis, die vollständige Untersuchung und abschließende Berechnung der mineralischen Vorräte.

Allerdings beginnt eine „Produktion" von Erdöl und/oder Erdgas andererseits bereits mit positiven Testarbeiten und Produktionsversuchen. Obwohl diese Arbeiten zur Erlangung fundierter Kenntnisse über den Schichtinhalt und die Lagerstättenparameter und damit zur Vorbereitung des systematischen Abbaus, d. h. der Förderung und Gewinnung der nachgewiesenen Vorräte, dienen, fallen oft bereits in der letzten Phase der Lagerstättenerkundung beachtliche Mengen an Erdöl und Erdgas an. Es ist unseres Erachtens eine Frage der Vereinbarung, ob man die bei der Erforschung des Schichtregimes anfallenden Mengen an Öl und Gas bereits als echte Warenproduktion des „Industriezweigs" ansieht (und damit einplanen und bilanzieren sollte) oder nicht.

Der Untersuchungsprozeß muß nach genau festlegbaren, aufeinander aufbauenden und somit direkt zusammenhängenden Etappen der Forschungs- und Erkundungsarbeiten erfolgen.

Gegenwärtig gelten die von der Leitung der Staatlichen Geologischen Kommission im Rahmen der „Klassifikation der Erdöl- und Erdgasbohrungen" niedergelegten vier Stadien geologischer Untersuchungsarbeiten.

Während im ersten und zweiten Stadium der (Vor-) Untersuchungsarbeiten durch regionale Untersuchungen und Struktursucharbeiten die Klärung des geologischen Baus, die Prognose, die Festlegung perspektivischer Flächen und Strukturen erfolgt und weiterhin die positive Bestätigung der Gesetzmäßigkeiten einer möglichen Bildung, Verteilung und Erhaltung von Kohlenwasserstofflagerstätten durch Nachweis von Mutter- und Speichergesteinen, Fallenbildung und Abschirmung usw. erfolgen muß, erfolgt im dritten und vierten Stadium die eigentliche Suche und Erkundung auf Kohlenwasserstoffe bzw. deren wirtschaftlich interessante Akkumulationen in Lagerstätten.

In den beiden letzten Stadien müssen der Nachweis der Lagerstätte sowie ihrer Begrenzung, der Nachweis des Erdöl- und Erdgases in industriellen Mengen (C_1-Vorrat) und schließlich die Überführung der Vorräte in die Klassen A und B stattfinden. Mit der endgültigen Berechnung der Vorräte, ihrer Bestätigung durch die Zentrale Vorratskommission, der erfolgten Abbauprojektierung und der Übergabe zur Produktion endet die eigentliche geologische Erkundung, wenn man die Arbeiten der Nacherkundung (während des Abbaus) nicht mit hinzuzählt.

In Tab. 1 sind die vier Untersuchungsstadien in ihrer Aufeinanderfolge und ihren Zielen dargestellt. Abweichend von der üblichen Einteilung in vier Abschnitte können unseres Erachtens die Aufgaben der Suche nach höffigen und kohlenwasserstofführenden Strukturen auch zu einem gemeinsamen Stadium der Struktur- und Mineralsuche zusammengefaßt und den Stadien der regionalen Erforschung sowie der Lagerstättenerkundung gegenübergestellt werden.

Einem solchen komplex aufgefaßten Untersuchungsprozeß können und müssen der zeitliche Umfang, der materielle und finanzielle Aufwand aus eigenen, nationalen und internationalen Erfahrungswerten gegenübergestellt werden. Unter Beachtung der Eigenart, daß im Stadium der Forschungsarbeiten als Ergebnis der Erforschungsgrad, die Prognose und mögliche Perspektive angesehen werden müssen, in Fortgang der Erkundung jedoch die Summe der festgestellten konkreten Vorräte auszuweisen ist, ist eine jeweilige Zuordnung bzw. Gegenüberstellung des materiellen Umfangs, des finanziellen Aufwands und des zeitlichen Ablaufs zum erreichten geologischen Ergebnis möglich.

. Zu gesetzmäßigen Abhängigkeitsverhältnissen der Effektivität geologischer Untersuchungsarbeiten

Kennziffern der Effektivität geologischer Untersuchungsarbeiten sind Angaben über Produktionsaufwendungen und damit „Kosten pro Tonne Vorrat". Weitere Angaben über die Effektivität wären etwa den Fündigkeitskoeffizienten (Verhältnis niedergebrachter Bohrungen : fündigen Bohrungen), dem Erfolgskoeffizienten (Verhältnis höffiger Strukturen : lagerstättenführenden Strukturen) und ähnlichen Wertgrößen zu entnehmen.

In alle diese, die Effektivität kennzeichnenden, zusammengesetzten Zahlenwerte gehen jedoch als entscheidender Faktor die vorgegebenen geologischen Verhältnisse als objektiver Bestandteil mit ein. Wie oben dargestellt, sind jedoch diese geologischen Gesetzmäßigkeiten nur durch ein genau abgestimmtes, systematisches und in seinen Etappen aufeinander aufbauendes wissenschaftliches Untersuchungsprogramm in die Hand zu bekommen. Von der genauen Einhaltung der Untersuchungsetappen, von der wissenschaftlichen Gründlichkeit und Qualität ihrer Projektierung, Durchführung und Auswertung wird die Effektivität in entscheidendem Maße bestimmt.

Der zweite, gleichermaßen wichtige Faktor sind die Qualität und der Aufwand für die erkundungstechnischen Meß- und Untersuchungsarbeiten. Dem Geologen müssen zur Erreichung einer hohen Effektivität die

Tabelle 1. Untersuchungsstadien der Forschung, Suche und Erkundung; Schema der Untersuchungsarbeiten und der Ziele

Forschung	Sucharbeiten		Erkundung
Regionale Untersuchung	Struktursucharbeiten	Mineralsucharbeiten	Lagerstättenerkundung
Regionale Geophysik	geophysikalische Übersichtsvermessungen	geophysikalische Spezialvermessungen	(geophysikalische Ergänzungsvermessungen)
Basis- und Kartierungsbohrungen	Stütz- und Strukturbohrungen	Suchbohrungen	Erkundungsbohrungen
Geologischer Bau, Voraussetzung für Lagerstättenbildung, prognostische Vorräte	Perspektivische Flächen und Strukturen, C_2-Vorräte	kohlenwasserstoffführende Strukturen, C_1-Vorräte	Lagerstätten, (B + A)-Vorräte

Möglichkeit und der materielle Anreiz gegeben werden, mit den billigsten und schnellsten Bohr-, Meß-, Test-, Aufschlußverfahren usw. seine volkswirtschaftliche Aufgabe des maximalen Vorratsnachweises zu erreichen. Von seiner Fähigkeit, aus den jeweils erreichten geologischen Untersuchungsergebnissen zur Fortführung der Arbeit die richtige Erkundungsmethode und den erforderlichen Erkundungsaufwand abzuleiten, wird die Effektivität des endgültigen Ergebnisses bestimmt.

Die Tatsache schließlich, daß noch im Verlaufe des Untersuchungsprozesses erreichte geologische Ergebnisse den geplanten Umfang an geophysikalischen Vermessungen oder Bohrungen entscheidend verändern (erweitern, verringern) können, zwingen zur Einhaltung der Effektivität, zu variablen Planungs- und Abrechnungsmethoden geologischer Arbeiten.

Tabelle 2. Zusammenhang zwischen Fünfjahrplan-Etappen und Rahmenprojekten (schematische Darstellung)

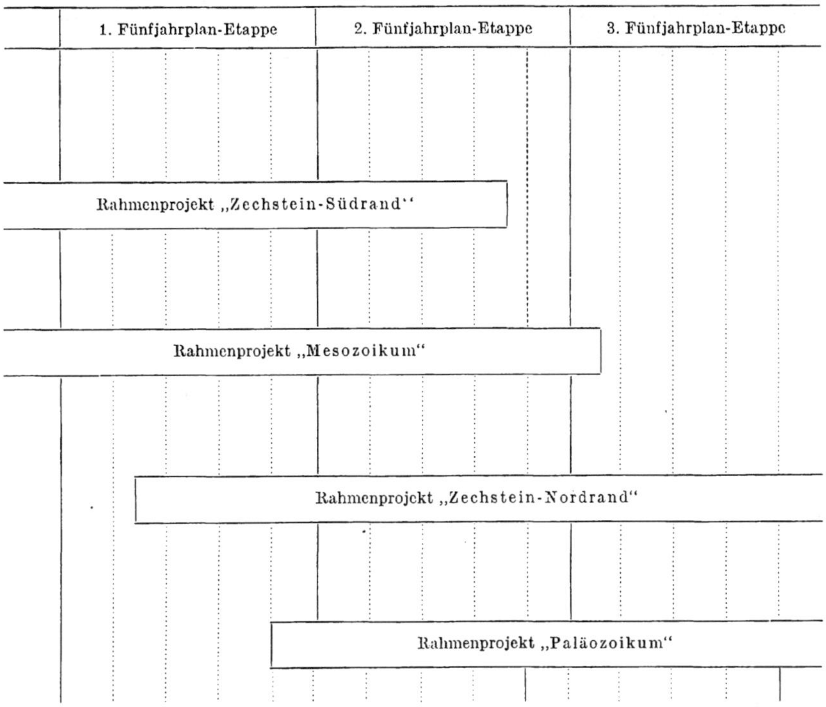

Probleme der Planung und Abrechnung

Bei der Perspektiv- wie auch bei der Jahresplanung besteht die Hauptaufgabe darin, alle Arbeiten so zu planen, daß die volkswirtschaftliche Aufgabe des maximalen Vorratsnachweises mit geringstem Aufwand erfüllt und übererfüllt wird. Die obenerläuterte Eigenart der geologischen Untersuchungsarbeiten (Abhängigkeit der Effektivität von den geologischen Verhältnissen, vorgegebene Untersuchungsetappen und mehrjährige Dauer der Arbeiten von den ersten Regionaluntersuchungen bis zur Übergabe aller erkundeten A- und B-Vorräte) fordert geradezu eine kontinuierliche Perspektiv- und Jahresplanung. Andererseits bedingt die Tatsache, daß sich der gesamte Untersuchungsablauf über einen längeren Zeitraum von 10—15 Jahren hinzieht und selbst die für den endgültigen Vorratsnachweis entscheidende Etappe der Lagerstättenuntersuchung mindestens 2—3 Jahre beansprucht, einige Besonderheiten in der Planung und Abrechnung der geologischen Arbeiten.

Da sich die gesuchten Vorräte in konkreten Lagern und Lagerstätten, diese in fündigen, anfangs höffigen Strukturen und diese wiederum innerhalb der als perspektivisch erkannten Flächen und Räume befinden und nach Untersuchungsetappen erforscht und erkundet werden, ist die Perspektiv- und Jahresplanung nach einer diese Fakten berücksichtigenden Projektierung durchzuführen.

In den Tab. 2 und 3 ist schematisch dargestellt, welches Verhältnis zwischen der geologisch richtigen Projektierung in der Form der Rahmen- und Grundprojekte und der volkswirtschaftlich üblichen Planung nach Etappen und Jahren innerhalb des Fünfjahrplans besteht.

In einem Rahmenprojekt ist die Durchführung aller Untersuchungsarbeiten an einer größeren geologischen Einheit (Stockwerk, Schichtenkomplex, Sedimentbecken oder große Teilgebiete bzw. Anteile) durch alle Stadien der Forschung, Suche und Erkundung festzulegen.

Der obengeschilderte und in Tab. 1 dargestellte Untersuchungsablauf muß also seinen Niederschlag in allen Rahmenprojekten finden. Die Summe aller Rahmenprojekte ergibt die Grundlage für eine langfristige Planung (siehe Tab. 2).

Die gründliche Analyse der Untersuchungsergebnisse ähnlicher, bereits erkundeter geologischer Einheiten und die dort erreichten Effektivitätskennziffern gestatten ferner festzulegen, mit welchem zeitlichen Ablauf, mit welcher Methodik und mit welchen materiell-technischen und finanziellen Aufwendungen in den Rahmen- und Grundprojekten, damit also auch in den Perspektiv- und Jahresplänen, die Untersuchungen vorzunehmen sind.

Jedes Untersuchungsstadium eines Rahmenprojektes findet seinen konkreten Niederschlag in den Grundprojekten der Objektplanung. Da die Untersuchungsarbeiten über mehrjährige, von geologischen Faktoren wie der tektonischen und faziellen Kompliziertheit, der Teufenlage, dem Lagerstättentyp und der Erkundungstechnik abhängige Zeiträume laufen müssen, erfolgen erst nach Abschluß der Erkundungsarbeiten die endgültige Vorratsberechnung, ihre Bestätigung durch die Zentrale Vorratskommission und die Übergabe an die Volkswirtschaft (siehe Tab. 3).

Diese zweigspezifische Eigenart, daß nach vieljährigen materiellen und finanziellen Aufwendungen (Erkundungsmitteln und Investitionen) erst am Ende des gesamten Untersuchungsprozesses das Produkt

Tabelle 3. Zusammenhang zwischen Jahresplan, Grundprojekt und Erkundungsablauf (schematische Darstellung)

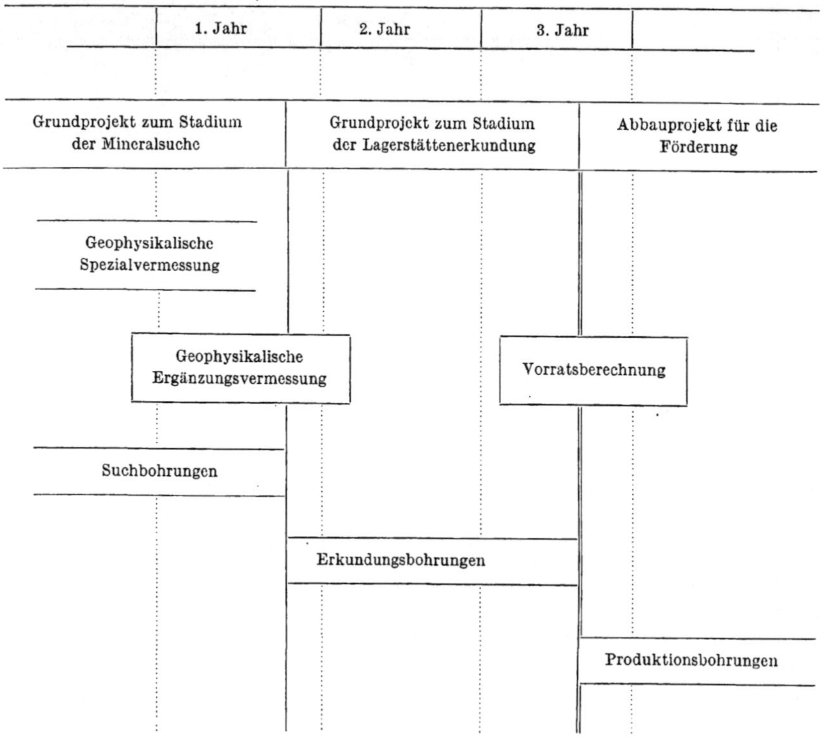

„Mineralischer Vorrat" erscheint, andererseits jedoch im Rahmen der Volkswirtschaft eine jährliche Abrechnung der aufgewandten Mittel erforderlich ist, hat dazu geführt, daß gegenwärtig als nichtindustrielle Warenproduktion die „Leistungsart Bohren und Nebenleistungen" und als industrielle Warenproduktion die Erdöl- und Erdgasförderung geplant und abgerechnet werden. Der außerdem jährlich geplante und abzurechnende mineralische Vorrat steht derzeit mit den vorgenannten ökonomischen Hauptkennziffern weder planmethodisch noch kostenmäßig in direktem Zusammenhang.

Selbst die verbindende Kennziffer „t Vorratszuwachs pro niedergebrachten Erkundungsbohrmeter" hat, solange sie noch nicht auf die konkreten geologischen Bedingungen der Erdölsuche in unserer Republik zugeschnitten ist, nur weitgehend theoretischen Wert bzw. den wenig verbindlichen Charakter einer Orientierungsziffer.

Für die Erreichung einer hohen Effektivität und zur Vermeidung von Übererkundung und Fehlinvestitionen sind eine Erweiterung und Veränderung der Planung und Abrechnung notwendig.

Trotz der Tatsache, daß das Produkt „Mineralischer Vorrat" erst am Ende der letzten Erkundungsetappe abgerechnet werden kann, ist nach unserer Meinung sehr wohl eine jährliche, operative Einschätzung aller erreichten geologischen Ergebnisse und Leistungen möglich und notwendig.

So ist der Ausweis der Summe von bereits nachgewiesenen bzw. übergeführten (Teil-)Vorräten der verschiedenen Klassen, der Zahl der aufgefundenen Lagerstätten, der Veränderungen der Zahl der höffigen Strukturen, der perspektivischen Flächen bzw. Räume sowie der perspektivischen (C_2-) und prognostischen (D-) Vorräte und ferner der Anzahl der fündigen und für eine Produktion installierten Erdöl- und Erdgassonden u. ä. jährlich durchzuführen. Diese jährliche Gegenüberstellung der geologischen Ergebnisse zu den konkreten dazugehörigen technisch-materiellen und den finanziellen Aufwendungen macht nicht nur den Industriezweig schlechthin erst ökonomisch überhaupt kontrollfähig, sondern hat noch eine weit wichtigere Bedeutung. Zeigen sich nämlich bei dieser jährlichen komplexen Bilanz Abweichungen gegenüber dem Projekt, so ist für das folgende Jahr durch entsprechende Korrekturen eine ökonomischere Fortsetzung der Arbeiten möglich.

Selbst die durch die natürlichen Gegebenheiten der geologischen Verhältnisse bedingten und vom Projekt abweichenden höheren, niedrigeren oder negativen Ergebnisse haben auf diese Weise einen unmittelbaren Einfluß auf die weiteren Arbeiten, indem der materiell-technische und der finanzielle Aufwand des anschließenden Jahres entsprechend der neuen Situation präzisiert wird. Nur auf diesem Wege sind eine Erhöhung der Effektivität und eine Verbesserung der Erkundungsergebnisse in kurzer Zeit möglich.

Zusammenfassung

1. Das volkswirtschaftlich interessierende „Produkt" des „Industriezweigs Geologie" ist der mit minimalem materiellem, finanziellem und zeitlichem Aufwand nachgewiesene, erkundete und von der ZVK bestätigte Vorrat an mineralischen Rohstoffen. Alle geologischen Untersuchungsarbeiten sind auf die Erfüllung dieser Aufgabe auszurichten.

2. Die Effektivität geologischer Untersuchungsarbeiten wird entscheidend von dieser strengen Ausrichtung aller Arbeiten auf das „Produkt", von der Einhaltung der Untersuchungsetappen und einer wissenschaftlich begründeten Projektierung und Analyse aller erkundungstechnischen Arbeiten und geologischen Ergebnisse bestimmt.

3. Die Grundlage einer wissenschaftlichen Perspektivplanung sind die so exakt wie möglich berechneten prognostischen Vorräte sowie die ermittelten perspektivischen Räume bzw. Strukturen, deren allseitige geologische Untersuchung nach Erkundungsetappen in Rahmen- und Grundprojekten niedergelegt sein muß.

4. Eine operative jährliche Einschätzung der erreichten geologischen Ziele und Ergebnisse und die Gegenüberstellung des dazu verbrauchten technisch-materiellen und finanziellen Aufwands gestatten eine jährliche Einschätzung der Effektivität und geben die Möglichkeit, die anschließenden Pläne zu präzisieren und ökonomischer zu gestalten.

Резюме

1. Интересующим с точки зрения народного хозяйства „продуктом" „отрасли промышленности геология" являются открытые и разведанные с минимальной затратой материала, средств и времени и утвержденные

ГКЗ запасы минерального сырья. Все геологоразведочные работы необходимо ориентировать на выполнение этой задачи.

2. Эффективность геологоразведочных работ решающе определяется этой строгой ориентировкой всех работ на указанный ,,продукт", соблюдением стадийности разведки и научно обоснованным працктированием, а также анализом всех технических разведочных работ и геологических результатов.

3. Основой научного перспективного планирования являются возможно точнее подсчитанные прогнозные запасы, а также выделенные перспективные пространства или структуры, всестороннее геологическое изучение которых по стадиям разведки необходимо зафиксировать в рамковых и основных проектах.

4. Ежегодная оперативная оценка достигнутых геологических целей и результатов и сопоставление с израсходованными на это технико-материальными и денежными затратами, позволяют ежегодную оценку эффективности и дают возможность уточнить последующие планы и сделать их более экономичными.

Summary

1. The economically interesting "product" of the "geological industry" is the reserve of mineral raw materials demonstrated, explored and confirmed by Zentrale Vorratskommission (Central Reserve Commission) with a least possible expense of material, money and time. All geological prospecting must be orientated towards a realization of this task.

2. Factors decisively determining the effectiveness of geological prospecting include this strict orientation of all works towards the "product", an observation of the stages of prospecting, and a scientifically founded project and analysis of all exploratory work and geological results.

3. Scientific perspective planning must be based on a calculation as exact as possible of prognostic reserves, as well as on a determination of perspective areas and structures respectively, whose universal geological prospecting according to exploratory stages must be expressed in skeleton and basic projects.

4. By comparing the operative annual estimate of geological aims and results achieved with their technical-material and financial expenses, an annual estimate of effectiveness together with an exact definition and more economic elaboration of the following plans will be possible.

Literatur

ABRAMOWITSCH, M. W.: Vorratseinschätzung perspektivischer und prognostischer Felder in gefalteten erdöl- und gasführenden Gebieten. — Z. angew. Geol., 7, 11, 553–555, Berlin 1961.

KAUTZSCH, E., & G. RICHTER: Erkundungsstadien und Konditionen. — Z. angew. Geol., 7, 11, 560–562, Berlin 1961.

MALYSCHEW, I. I.: Über die Qualität und den Nutzeffekt geologischer Erkundungsarbeiten. — Z. angew. Geol., 10, 2, 57–62, Berlin 1964.

SIDORENKO, A. W.: Geologen, Pioniere der industriellen Entwicklung. — Z. angew. Geol., 9, 12, 617–621, Berlin 1963.

TROFIMUK, A. A.: Vorbereitung und Planung des Vorratszuwachses an Erdöl und Erdgas. — Z. angew. Geol., 7, 11, 555–560, Berlin 1961.

ZINDLER, G.: Vor neuen Aufgaben in der geologischen Erkundung. — Z. angew. Geol., 9, 10, 505–507, Berlin 1963.

Klassifikation der Erdöl- und Erdgasbohrungen. — Wiss. Techn. Inform. Zentr. Geol. Inst., 3, 2, 3–8, Berlin 1962.

Erläuterungen der Zentralen Vorratskommission für mineralische Rohstoffe der Deutschen Demokratischen Republik. — Wiss. Techn. Inform. Zentr. Geol. Inst., 4, Sonderh., Berlin 1963.

Anweisung zur Vorbereitung und Durchführung geologischer Untersuchungsarbeiten. — Unveröff. Entwurf, Staatl. Geol. Komm.

Über die Schwankungen des Flüssigkeitsspiegels in Bohrungen[1]

O. W. KURENKOW, UdSSR

1. Kurzer Überblick

Ebenso wie die Schwankungen des Meeresspiegels und die Deformation der Erdkruste werden auch die Schwankungen des atmosphärischen Drucks durch die Gezeitenkräfte von Sonne und Mond hervorgerufen. Bereits im Altertum war bekannt, daß diese Kräfte eine Veränderung des Flüssigkeitsspiegels in Bohrungen und Brunnen hervorrufen. Erste Hinweise darauf kann man bei PLINIUS finden. Systematische Untersuchungen derartiger Erscheinungen beginnen jedoch erst in der Mitte des 19. Jahrhunderts mit der Arbeit von F. ARAGO (1856), in der festgestellt wird, daß die Veränderungen des Flüssigkeitsspiegels in einer Bohrung bei Lille gut mit den Phasen der Gezeiten übereinstimmen.

Gegenwärtig existiert eine umfangreiche Literatur, in der die Veränderungen des Flüsskeitsspiegels in den Bohrungen im Zusammenhang mit Ebbe und Flut betrachtet werden. Einen wertvollen bibliographischen Sachweiser kann man in der Arbeit P. MELCHIORS (1960) finden. Es sei bemerkt, daß die meisten Autoren die Veränderung des Flüssigkeitsspiegels in Abhängigkeit von den Gezeiten der Ozeane und der Deformation der Erdkruste untersuchen; nur wenige beobachten diese Veränderung in Abhängigkeit vom atmosphärischen Druck. Das Thema unseres Aufsatzes gestattet nicht, alle diese Arbeiten zu behandeln; deshalb streifen wir nur einige.

LATHAM (1881) untersuchte Tiefbohrungen und gelangte dabei zu folgenden Schlüssen: 1. Der Flüssigkeitsspiegel in einer Bohrung reagiert auf die Veränderung des atmosphärischen Drucks; 2. eine Erhöhung des letzteren bewirkt das Fallen des ersteren; 3. die Veränderung des Pegelstandes ist der Veränderung des atmosphärischen Drucks direkt proportional; 4. die Schüttung hängt von der Veränderung des atmosphärischen Drucks ab; 5. gegenüber den Schwankungen des atmosphärischen Drucks ist in der Bohrung eine Verzögerung der Spiegeleinstellung zu beobachten.

Er stellte ferner fest, daß die Strömungsgeschwindigkeit der Flüssigkeiten mit der Veränderung des atmosphärischen Drucks zunimmt. Diese Beobachtung untermauerte er durch unmittelbare Messungen der Strömung. Die Verspätung erklärte er damit, daß bei Verringerung des atmosphärischen Drucks eine gewisse Menge von Gasen frei wird, während bei einer Zunahme des Drucks die Gase vom Wasser absorbiert werden.

BILHAM (1918) ergänzte die Folgerungen LATHAMs durch die Behauptung, daß die Veränderung des Flüssigkeitsspiegels in einer Bohrung in Abhängigkeit von den Schwankungen des atmosphärischen Drucks

[1]) Eingang des Manuskripts in der Redaktion: 19. 2. 1964.
Übers.: W. OESTREICH, Berlin

sowohl in Tiefbohrungen als auch in flachen bei beliebiger Lage des Flüssigkeitsspiegels erfolgte.

Es ist interessant, daß BILHAM keine Verspätung der Einstellung des Niveaus beobachtete; genauer gesagt, diese Verspätung war so unerheblich, daß man sie praktisch vernachlässigen konnte. Dieser Autor ist der Auffassung, daß die Verspätung vom geologischen Bau der Gesteine abhängt. BILHAM betrachtet verschiedene Formen der Abhängigkeit des Niveaus Δh von der Veränderung des atmosphärischen Drucks Δp_{at} und findet das Verhältnis

$$\frac{\Delta p_{at}}{\Delta h} = 2 - 10 \qquad (1.1.)$$

Vorwegnehmend sagen wir, daß nach unseren Untersuchungen dieses Verhältnis bei 2—3 liegt.

Zum Abschluß äußert BILHAM den Gedanken, daß eine streng mathematische Analyse der Kurven des Pegelabfalls und der Kurven der Veränderungen des atmosphärischen Drucks es gestatten wird, weitere Parameter der Schicht zu bestimmen.

SPRINGFIELD (1933) gibt eine Kurve der Veränderung des Flüssigkeitsspiegels in der Bohrung und eine Kurve der Veränderung des atmosphärischen Drucks. Ihrer Konfiguration nach stehen beide einander sehr nahe. Bei der Untersuchung der Abhängigkeit zwischen Δh und Δp_{at} stellt der Verfasser fest, daß in den meisten Fällen die Amplitude der Veränderung des Flüssigkeitsspiegels in einer Bohrung die Hälfte der Amplitude der Veränderung des atmosphärischen Drucks ausmacht; aber hin und wieder sind diese Amplituden auch gleich.

PARKER & SPRINGFIELD (1950) untersuchten die Veränderungen des Flüssigkeitsspiegels in den Bohrungen in Abhängigkeit von verschiedenen Ursachen, insbesondere auch vom atmosphärischen Druck.[2]) Dieser Aufsatz ist deswegen interessant, weil er zum erstenmal den Hinweis enthält, daß die Untersuchung derartiger Schwankungen für die Bestimmung der Permeabilitäts- und Kompressibilitätskoeffizienten, für die Berechnung der Vorräte, für die genauere Ermittlung der Bewegungsrichtung der Flüssigkeit in den Schichten usw. große Bedeutung besitzt. In Rußland wurde der Zusammenhang zwischen dem atmosphärischen Druck und dem Flüssigkeitsspiegel in den Bohrungen zuerst von N. E. SHUKOWSKI (1948) festgestellt, dessen Originalarbeit bereits 1889 im Druck erschienen war.

Keiner dieser Autoren hat irgendeine Methode zur Bestimmung der genannten Größen vorgeschlagen. Erst in den Arbeiten W. P. JAKOWLEWs (1953, 1959) und W. N. SCHTSCHELKATSCHOWs (1959) wurden Formeln zur Bestimmung der Kompressibilitätskoeffizienten einer Schicht bei Veränderung der Belastung abgeleitet. W. N. SCHTSCHELKATSCHOW ging von einem stark idealisierten Schichtmodell aus, so daß seine Formel nur für vorläufige, orientierende Berechnungen dienen kann, wie der Autor auch selbst anerkennt. Die Methodik von W. P. JAKOWLEW wird im folgenden kurz behandelt. Ausführlich ist sie in seinen Arbeiten (1953 und 1959) erläutert.

[2]) Die Verfasser behandeln die Veränderung des Flüssigkeitsspiegels in den Bohrungen in Abhängigkeit von folgenden Erscheinungen: 1. Gezeiten der Erde und der Sonne; 2. Gezeiten der Erde; 3. Erdbeben; 4. Stärke der Winde; 5. Niederschlagsmenge; 6. Gewicht der in gewisser Entfernung an der Bohrung vorbeifahrenden Eisenbahnzüge.

2. Die Methode von W. P. JAKOWLEW

Das Aufsuchen und das Erkunden von Öllagerstätten gewinnt gegenwärtig immer größere Bedeutung. In Zusammenhang damit taucht das Problem auf, eine Erkundungsmethodik zu entwickeln, die einfach und wirtschaftlich ist und uns gleichzeitig Angaben über die wichtigsten Eigenschaften und Parameter der in einem Gebiet vermuteten Lagerstätte vermittelt.

Einer dieser Parameter ist der Kompressibilitätskoeffizient der Schichten, der bei der Bestimmung der möglichen Öl-Wasser-Sättigung (Gassättigung) eine wichtige Rolle spielt. Außerdem ist seine Kenntnis später notwendig für den Abbau der Öllagerstätten wie auch bei der Analyse der Vorgänge im Speicher, da die produktive Schicht eine bestimmte Elastizität besitzt. Die Bestimmung des Kompressibilitätskoeffizienten ist bekanntlich mit erheblichen Schwierigkeiten verbunden, da bei seiner Ermittlung an Kernmaterial im Laboratorium die Verhältnisse in der Schicht nicht vollständig reproduzierbar sind.

Ein unbestreitbares Verdienst W. P. JAKOWLEWs besteht deshalb darin, daß er — soweit uns bekannt ist — als erster Wissenschaftler eine Methode zur Auswertung der Kurven über die Veränderung des Flüssigkeitsspiegels in Abhängigkeit von der Veränderung des atmosphärischen Drucks für die Bestimmung des Kompressibilitäts- und des Erdölsättigungskoeffizienten vorschlug. Die Methode W. P. JAKOWLEWs beruht darauf, daß das Verhältnis der Schwankungsamplituden $\Delta p_{at} = f(t)$ und $\Delta h = \varphi(t)$ vom Kompressibilitätskoeffizienten der Schicht abhängt.

Die vorgeschlagene Formel lautet:

$$c = \beta_{Fl} + \beta_{Por} = 0{,}99\beta_{Fl} \cdot n \qquad (2.1.)$$

Hierbei bedeuten:

c — Koeffizient der scheinbaren Kompressibilität

β_{Fl}, β_{Por} — Kompressibilitätskoeffizienten der Flüssigkeit bzw. des Porenraums

$n = \frac{\Delta p_{at}}{\Delta h}$ — wird unmittelbar aus den gefundenen Kurven bestimmt.

Zu diesem Zweck werden sowohl auf der Kurve der Veränderung des atmosphärischen Drucks als auch auf der Kurve der Veränderung des Flüssigkeitsspiegels drei Punkte gewählt, und ein System von Gleichungen wird aufgestellt (wobei die Koordinaten der gewählten Punkte im Verhältnis zum mittleren Punkt abgelesen werden):

$$\left.\begin{aligned} \Delta p_1 &= \Delta h_1 n + \Delta t_1 \cdot n \cdot \operatorname{tg} \alpha \\ \Delta p_2 &= \Delta h_2 n + \Delta t_2 \cdot n \cdot \operatorname{tg} \alpha \end{aligned}\right\} \qquad (2.2.)$$

(tg α charakterisiert den von einer Reihe Ursachen, darunter auch durch die Arbeit benachbarter Bohrungen, hervorgerufenen Einfluß).

Durch dieses System erhalten wir die Werte für n und tg α. Bei der Berechnung nach Formel (2.1.) wird der absolute Wert von n verwendet. In dem Fall, daß tg α groß ist, ist zu beachten, daß die faktische Kurve $\Delta h = \varphi(t)$ neu konstruiert werden muß, wobei als Abszisse die Gerade verwendet wird, die unter dem gefundenen Winkel gezeichnet wurde. Zur Präzisierung der für n und tg α gefundenen Werte müssen verschiedene Punkte gewählt und die Berechnungen wiederholt werden.

Ein Mangel der Methode W. P. JAKOWLEWs besteht in der Annahme, daß einer bestimmten Veränderung des atmosphärischen Drucks eine bestimmte Veränderung des Flüssigkeitsniveaus in der Bohrung exakt entspricht und daß das Verhältnis $\Delta p_{at}/\Delta h$ für einen beliebigen Zeitpunkt konstant bleiben muß. Diese Annahme ist aus folgenden Gründen nicht ganz richtig: Wenn sich der Flüssigkeitsspiegel in der Bohrung in Abhängigkeit von den Schwankungen des atmosphärischen Drucks ändert, dann ergibt sich entweder ein Zustrom der Flüssigkeit aus der Schicht in die Bohrung oder ein Wegströmen der Flüssigkeit aus der Bohrung in die Schicht; die Methode W. P. JAKOWLEWs berücksichtigt die Strömungseigenschaften der Schicht nicht.

Wenn daher die Wand einer Bohrung eine geringe Durchlässigkeit aufweist und der Flüssigkeitsspiegel sich entsprechend dem atmosphärischen Druck verändert, müssen bei der Bearbeitung der Kurven nach der Methode von W. P. JAKOWLEW eine Reihe von Korrekturen bezüglich der Schicht eingeführt werden.

Bei der Bearbeitung der Kurven nach JAKOWLEW ist es ferner wünschenswert, daß die Kurven $\Delta p_{at} = f(t)$, $\Delta h = \varphi(t)$ im Verlauf der Untersuchung eine mehrmalige Änderung der Richtung aufweisen, da dies das Aufstellen der Gleichungen für die Ermittlung des Kompressibilitätskoeffizienten erleichtert und es ermöglicht, die Berechnung durch die Wahl einer Reihe von Punkten auf verschiedenen Amplituden zu kontrollieren.

Untersuchungen zeigten jedoch, daß die Veränderung des atmosphärischen Drucks und dementsprechend des Flüssigkeitsspiegels in der Bohrung monoton in einer Richtung erfolgen kann, und zwar im Verlaufe einer ziemlich langen Zeit (zumindest nicht weniger als acht Stunden). Die Bearbeitung solcher Kurven wird nach der Methode W. P. JAKOWLEWs schwierig, bisweilen auch unmöglich.

3. Die Integralmethode

Aus dem Vorhergehenden folgt, daß die Notwendigkeit besteht, die Strömung der Flüssigkeit aus der Schicht in die Bohrung und umgekehrt bei der Veränderung der Schichtbelastung mathematisch zu berücksichtigen. Ein solcher Versuch wurde in der Arbeit von KAMENEZKI & KURENKOW (1964) unternommen.

Bekanntlich wird die Strömung einer Flüssigkeit durch die FOURIERsche Gleichung beschrieben:

$$\frac{d^2p}{dr^2} + \frac{1}{r}\cdot\frac{dp}{dr} = \frac{1}{\varkappa}\cdot\frac{dp}{dt} \qquad (3.1.)$$

Diese Gleichung wird bei den entsprechenden Anfangs- und Endbedingungen gelöst:

$$\left.\begin{aligned} & p(r, 0) = 0 \\ & r = r_0, \quad p_c = \frac{m\beta_{Fl}}{\beta^*}\,\Delta p_{at} \\ & r \to \infty, \lim \left|\frac{\Delta p(r,t)}{\Delta p(r,0)}\right| < M \end{aligned}\right\} \qquad (3.2.)$$

wobei die LAPLACE—KAPSONsche Umformung verwendet wird. Weiterhin werden die asymptotischen Darstellungen der BESSELschen Funktionen vom scheinbaren Argument benutzt.

Die endgültige Formel, die in den Darstellungen erhalten wird, hat folgende Gestalt:

$$\Phi(s) = -\frac{\mu f}{4\pi k h}\cdot\frac{\beta^*}{m\beta_{Fl}}\ln\frac{\gamma^2 r_0^2 s}{4\varkappa} \qquad (3.3.)$$

Hierbei bedeuten: $\varkappa$ — Piëzoleitfähigkeit der Schicht; Δp_c, Δp_{at} — Veränderung des Drucks an der Wandung der Bohrung bzw. Veränderung des atmosphärischen Drucks; m — Porosität; $\beta^* = mc$ — Koeffizient des Elastizitätsaufnahmevermögens der Schicht; μ — Viskosität; k — Permeabilität; h — Mächtigkeit; $\gamma = 1{,}781$; M — EULERsche Konstante; r_0 — reduzierter Radius des Bohrloches; f — Querschnitt der Rohrtour.

Der Wert von $\Phi(s)$ wird durch das Verhältnis

$$\Phi(s) = \frac{\Delta p_{at}(s)}{s\Delta H(s)} \qquad (3.4.)$$

bestimmt, wobei

$$\left.\begin{aligned} \Delta p_{at}(s) &= \int_0^\infty \Delta p_{at}(t)\, e^{-st}\, dt \\ H(s) &= \int_0^\infty \Delta h(t)\, e^{-st}\, dt \end{aligned}\right\} \qquad (3.5.)$$

Der Parameter s wird in Abhängigkeit von der Untersuchungszeit T so gewählt, daß $\frac{4}{T} \leq s \leq \frac{10}{T}$ ist.

Die Bearbeitung der faktischen Kurven $\Delta p_{at} = f(t)$, $\Delta h = \varphi(t)$ besteht daher darin, daß zuerst Integrale der Form (3.5.) gefunden werden. Dann konstruiert man das Diagramm mit den Koordinaten $\Phi(s)$, ln s und nach dem Neigungswinkel zwischen der geraden Linie und der Abszisse. Nachdem auf der Ordinate abgegriffenen Abschnitt bestimmt man die beiden komplexen Parameter:

$$\mu f \beta^*/4\pi k h m \beta_{Fl}$$
$$\varkappa/r_0^2$$

Die Größe $\mu f\beta^*/4\pi k h$ kann man nach der Methode des „augenblicklichen" Zulaufs bestimmen, wovon noch die Rede sein wird, wonach man leicht $\frac{\beta^*}{m\beta_{Fl}}$ berechnen kann (oder $C = \beta_{Fl} + \beta_{Por}$, wenn uns der Kompressibilitätskoeffizient β_{Fl} der Flüssigkeit bekannt ist).

Wenn schließlich die Werte der Permeabilität k und der Porosität m bekannt sind, können wir den Koeffizienten der Piëzoleitfähigkeit $\varkappa$ finden:

$$\varkappa = \frac{k}{\mu \beta^*} = \frac{k}{\mu m c} \tag{3.6.}$$

ferner den reduzierten Radius der Bohrung.

Gegenüber der Methode von W. P. JAKOWLEW gestattet es daher die Integralmethode, einen ganzen Komplex von Parametern zu bestimmen, die für die Regulierung der Abbauprozesse von Lagerstätten sehr wichtig sind.

Nach der Formel (3.3.) untersuchten wir eine Reihe von Kurven, die in den Bohrungen verschiedener Lagerstätten erhalten wurden. Die Beobachtungsdauer war verschieden (von einigen Stunden bis zu mehreren Tagen). In der Abbildung bringen wir die Kurven $\Delta p_{at} = f(t)$, $\Delta h = \varphi(t)$ und ihre Bearbeitung nach der Integralmethode. Es ergaben sich folgende Werte: Nach W. P. JAKOWLEW ist $c = 15{,}8 \cdot 10^{-5}$ ($^1/$at), $\varkappa/r^2 = 0{,}172$. Die Analyse der Bearbeitungsergebnisse zeigt — wie auch die Konfiguration der Ausgangskurven: Schwankung des Flüssigkeitsniveaus und atmosphärischer Druck, sein mag —, daß sie bei Verwendung der Integralmethode alle auf Geraden liegen, die einander hinsichtlich des Neigungswinkels zur Abszisse sehr nahe kommen. Eine völlige Übereinstimmung der berechneten Kompressibilitätskoeffizienten wird nie zu beobachten sein, weil der Flüssigkeitsspiegel in der Bohrung nicht nur auf die Schwankungen des atmosphärischen Drucks reagiert, sondern auch auf die Stärke des Windes, auf die Menge der Niederschläge, die am Tage der Untersuchung gefallen sind, ja sogar auf Impulse, die aus anderen, ziemlich entfernten Gebieten der Erde kommen können (PARKER & SPRINGFIELD 1950), vom Einfluß der Ausbeutung einer bestimmten Lagerstätte gar nicht zu reden.

4. Zur Durchführung der Untersuchungen

An eine Beobachtungs- oder piezometrische Bohrung, in welcher die Veränderung des Flüssigkeitsspiegels in Abhängigkeit von den Schwankungen des atmosphärischen Drucks beobachtet werden soll, werden zwei Hauptforderungen gestellt: Erstens muß die Bohrung gute Verbindung mit der Schicht aufweisen; zweitens darf sie nicht mit benachbarten Produktionsbohrungen interferieren, d. h., sie muß sich entweder hinreichend weit von der Exploitationszone befinden (nicht unter 3 km), oder sie muß auf einen anderen, nichtexploitierten Horizont niedergebracht werden.

Die Verbindung der Bohrung mit der Schicht ist nach dem Vorschlag von W. P. JAKOWLEW durch Zugabe einer geringen Wassermenge (10—30 l) zu überprüfen. Wenn das zugegebene Wasser von der Schicht schnell aufgenommen wird, hat die Bohrung mit ihr eine gute Verbindung; wenn die Aufnahme nicht oder zu langsam vonstatten geht, d. h. erst im Verlauf mehrerer Tage, wird die Bohrung verworfen. Als ideal gelten jene Bohrungen, in denen die Aufnahme des hinzugegebenen Wassers „augenblicklich“, im Verlaufe einiger Minuten, erfolgt, aber derartige Bohrungen sind leider sehr selten. Es muß bemerkt werden, daß man bei dieser Methode annimmt, daß die Hebung und Senkung des Flüssigkeitsspiegels analog sind und nur in verschiedenen Richtungen erfolgen. Die bohrlochsohlennahe Zone sowie die Wandung der Bohrung können aber verschmutzt sein, die Rohrtour kann Risse aufweisen, so daß die Strömung der Flüssigkeit aus der Bohrung in die Schicht nicht der Strömung aus der Schicht in die Bohrung gleichwertig ist. Außerdem läuft die zugegebene Flüssigkeit langsam in der Rohrtour hinunter, und die Zugabe ist damit nicht „augenblicklich“. Der Mangel der Zugabemethode tritt besonders in den Fällen anschaulich in Erscheinung, in denen das statische Flüssigkeitsniveau tief liegt. Es ist völlig klar, daß die von W. P. JAKOWLEW empfohlene Zugabe von 10—20 l bei solchen Niveaus unzureichend ist, und zwar infolge des „Verlaufens“ der Flüssigkeit an der Bohrlochwandung. Deshalb ist man gegenwärtig bestrebt, die „Methode der Zugabe“ durch die „Methode der Verdrängung eines bestimmten Volumens“ zu ersetzen, wofür Spezialgeräte konstruiert werden. Nichtsdestoweniger bleibt die „Zugabe“ bislang das einzige Verfahren, um die Verbindung der Bohrung mit der Schicht zu überprüfen.

Die Bearbeitung der „Zugabekurve“ kann nach der Formel erfolgen, die KAMENEZKI (1959) veröffentlichte:

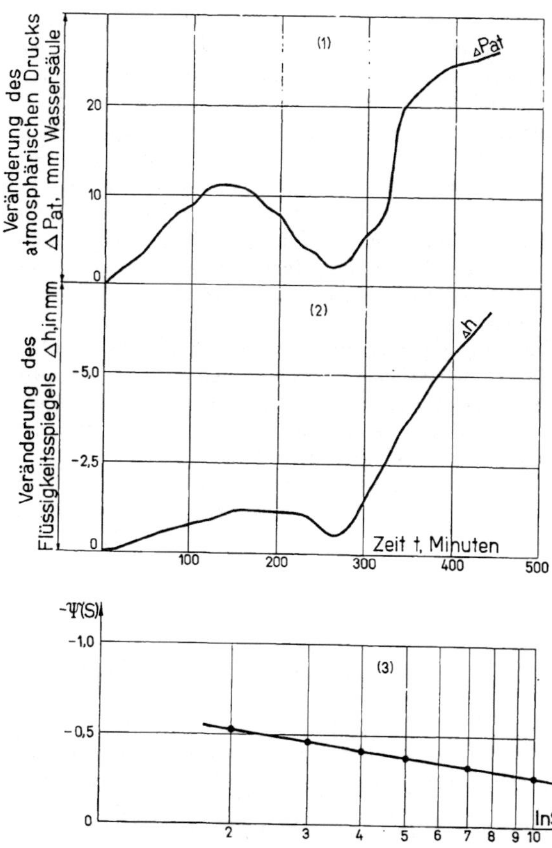

Abbildung

1 — Bohrung 319, Lagerstätte Bachmetjewka, Gebiet Wolgograd; 2 — Kurve der Veränderung des atmosphärischen Drucks (1) und des Flüssigkeitsspiegels in der Bohrung (2) und ihre Bearbeitung nach der Integralmethode (3)

$$\Delta h(t) = \Delta h_0 \frac{\mu f}{4\pi k h \gamma} \cdot \frac{1}{t} \qquad (4.1.)$$

Hierbei bedeuten: Δh_0 — Höhe des Anstiegs der Flüssigkeitssäule der Zugabe oder Verdrängung über dem statischen Niveau; $\Delta h(t)$ — zeitliche Veränderung des „zugegebenen“ oder verdrängten Niveaus; γ — spezifisches Gewicht der Schichtflüssigkeit.

Durch Konstruktion der Absenkungskurve des Flüssigkeitsspiegels nach der Zugabe in den Koordinaten $h(t)$; $\frac{1}{t}$ müssen wir theoretisch eine Gerade erhalten, die durch den Koordinatenursprung geht. Nach ihrem Winkelkoeffizienten kann man den Parameter $\frac{\mu f}{4\pi k h}$ finden.

Der gefundene Wert kommt dem wahren Wert desto näher, je schneller, „augenblicklicher“ die Aufnahme (Absorption) erfolgt.

Zusammenfassung

Unter den Methoden zur Auswertung der Änderungen des Flüssigkeitsspiegels in Bohrungen in Abhängigkeit von durch Gezeitenkräfte bewirkten Änderungen des atmosphärischen Drucks wird besonders die Methode von W. P. Jakowlew erörtert, der eine Verwendung der Kurven dieser Änderungen zur Bestimmung des Kompressibilitäts- und des Erdölsättigungskoeffizienten vorschlug. Nach Aufzeigen der Mängel dieser Methode wird eine Integralmethode entwickelt, die es gestattet, einen Komplex von Parametern zu bestimmen, die für die Regulierung der Abbauprozesse von Erdöllagerstätten sehr wichtig sind.

Резюме

Из методов анализа изменений уровня жидкости в скважинах в зависимости от изменений атмосферного давления, обусловленных силами притяжения, автор подробно излагает метод В. П. Яковлева, который предлагал применение кривых этих изменений для определения коэффициентов сжимаемости и нефтенасыщения. Указав недостатки данного метода, автор выводит интегральный метод, позволяющий определение комплекса параметров, очень важных для регулирования процесса эксплуатации месторождений нефти.

Summary

Among the methods for the evaluation of fluctuations of the liquid level in boreholes as a function of variations of the atmospheric pressure due to tidal energy, the method developed by W. P. Jakowlew is discussed in particular, who suggested a determination of the compressibility and petroleum saturation coefficient by means of the curves of such variations. After pointing at its imperfections, an integral method is developed which enables the determination of a complex of parameters of great importance to the regu lation of mining processes in petroleum deposits.

Literatur

Arago, F.: Les puits fores (Brunnenbohrungen). — Œuvres complètes, Bd. 6, S. 263—480, Paris 1856.

Bilham, E. S.: On the relation between barometric pressure and the waterlevel in a well at Kew Observatory Richmond. — Proc. Roy. Soc. London, Ser. A, Nr. A 658, 165—181 (1918).

Jakowlew, W. P.: Die hydrologische Erkundung von Öl- und Gashorizonten. — Gostoptechisdat, Moskau 1953.

— Die Möglichkeit der Bestimmung des Kompressibilitätskoeffizienten, der Ölsättigung und der Ölabgabe auf dem Bohrfeld. — Exploitation von Öllagerstätten und Schichthydrodynamik. Abh. WNII, Ausg. 1959, S. 142—160.

Kamenezki, S. G.: Zwei Aufgaben der Theorie der Filtration einer elastischen Flüssigkeit in einem elastischen porösen Medium. — Exploitation von Öllagerstätten und unterirdische Hydrodynamik. — Abh. WNII, H. XIX, S. 134—145, Gostoptechisdat, Moskau 1959.

Kamenezki, S. G., & O. W. Kurenkow: Zur Bestimmung des Kompressibilitätskoeffizienten einer Schicht anhand der Kurven der Veränderung des atmosphärischen Drucks und des Flüssigkeitsspiegels in den Bohrungen. — Ingenieur-Zeitschrift, Nr. 2 (im Druck).

Latham, B.: On the influence of barometric pressure on the discharge of water from springs. — B. A. Report, S. 614 (1881), S. 495 (1883).

Melchior, P.: Die Gezeiten in unterirdischen Flüssigkeiten. — Erdöl und Kohle, N. S., S. 312—317 (1960).

Parker, G. G., & V. T. Springfield: Effects of earthquakes, trains, tides, wind and atmospheric pressure changes on water in the geologic formations of South Florida. — Economic Geology, **45**, 441—460 (1950).

Schtschelkatschow, W. N.: Die Exploitation von öl- und wasserführenden Schichten bei elastischem Regime. — Gostoptechisdat, Moskau 1959.

Shukowski, N. J.: Theoretische Untersuchung der Bewegung von Unterbodenwässern. — Ausgewählte Werke, Staatsverl. techn.-theor. Lit., Bd. I, S. 153 (1948).

Springfield, V. T.: Ground-water resources of Sarasota County, Florida. — Florida Geologic Survey, Ann. Report, 23—24, S. 159 bis 162 (1933).

Hein, A. L., E. W. Lewikin, W. N. Raaben & M. S. Korotschkin

Die kombinierte Erkundung wasserführender Schichten für die Untergrundgasspeicherung[1)]

Referiert von Willi Lange, Burg, unter Mitarbeit von L. N. Minakow, Moskau

Vorbemerkung

Die Untergrundgasspeicherung ist ein spezielles Gebiet der angewandten Geologie, das in Europa erst seit etwa einem Jahrzehnt in die Praxis eingeführt wurde. In volkswirtschaftlicher Hinsicht sind diese für die moderne Gasverbundwirtschaft notwendigen Arbeiten in Gegenwart und Zukunft von großer Bedeutung (Abdeckung der Winterspitze).

Besondere Schwierigkeiten bereitet die Untersuchung sog. Aquifer-Objekte, d. h. der Speicher, die in wasserführenden Horizonten (vorwiegend Sandsteinen) eingerichtet werden. Im Prinzip handelt es sich dabei um „künstliche“ Gaslager mit einer Kapazität von einigen 100 Millionen Nm^3 Gas. Die Arbeiten begannen in der Sowjetunion im Jahre 1955; etwa um diese Zeit wurden auch in der DDR derartige Untersuchungen aufgenommen. Die in der Sowjetunion an verschiedenen Objekten erzielten Erfahrungen wurden von den Autoren verallgemeinert und nach Herausarbeitung der für diese Arbeiten geltenden besonderen Gesichtspunkte als Methode der kombinierten Strukturerkundung definiert. Es ist dringend zu empfehlen, diese Erkundungsmethodik zukünftig in der DDR der Planung, der Projektierung, Erkundung und Einrichtung von Untergrundgasspeichern (Kader, Mittel, Zeit und Material) zugrunde zu legen.

Aufgabenstellung und Grundbegriffe

Die Auffindung des für die Einrichtung eines Untergrundgasspeichers in wasserführenden Horizonten geeigneten Objekts ist die wichtigste Etappe und eine komplizierte wissenschaftlich-technische und organisatorische Aufgabe.

Von dem Aufschluß von KW-Lagerstätten unterscheidet sich diese Aufgabe wesentlich. Bei der KW-Erkundung ist mit dem Fündigwerden die Existenz einer dichten Fangstruktur nachgewiesen, und die Kenntnis der Schichtparameter ermöglicht einen rationellen Aufschluß. Bei der Speichererkundung ist die grundlegende Frage der Dichtheit des Deckgebirges nur sehr schwer lösbar, und die Bestimmung der Parameter des Horizonts ist nicht nur für den Betrieb des zukünftigen Speichers erforderlich, sondern in erster Linie schon für die Projektierung der dafür notwen-

---

1) Aus: WNIIGAS-Sammelbd. über „Fragen der unterirdischen Gasspeicherung in wasserführenden Strukturen“, Gostoptechisdat, Moskau 1961

digen Erkundungsetappen. Es müssen erheblich mehr Mittel aufgewandt werden, wobei der Enderfolg im Vergleich mit anderen Untersuchungsaufgaben, z. B. dem Aufschluß von KW-Lagerstätten, viel weniger garantiert ist. Bei der Speichererkundung muß man in der Lage sein, rechtzeitig die Arbeiten abzubrechen, wenn die Ergebnisse dieser oder jener Etappe nicht den Erfordernissen entsprechen.

Bei der Speichererkundung sind daher die Methodik der Strukturerkundung, die Reihenfolge der Erkundungsetappen und die Festlegung der Kriterien für den Grad ihrer Durchführung von großer Bedeutung.

Bei den Arbeiten können zwei Stadien unterschieden werden:

1. das die Fragen der Speicherhöffigkeit umfassende Stadium, bei dem die geologischen und geophysikalischen Unterlagen auszuwerten sind, und

2. das Stadium vor der Erschließung des ausgewählten Objekts, d. h. der Untersuchung der Fangstruktur einschließlich der Bestimmung der notwendigen Parameter. Die mit diesem Komplex zusammenhängenden Fragen werden unter dem Begriff kombinierte Erkundung zusammengefaßt.

Bei dieser kombinierten Erkundung der wasserführenden Schicht und ihres Deckgebirges muß man die Besonderheiten des Objekts beachten, die für die hydrodynamischen und späteren hydro- und gasdynamischen Vorgänge bestimmend sind.

Die alleinige Anwendung geologischer und geophysikalischer Untersuchungen entspräche nicht dem Prinzip, daß die Erkundungsmethoden dem Charakter des Objekts und dem Ziel der Arbeiten anzupassen sind. Die kombinierte Erkundung umfaßt dagegen den Komplex der geologisch-geophysikalischen, hydrodynamischen und gasdynamischen Untersuchungen.

Hauptarten der kombinierten Strukturerkundung

Die geologisch-geophysikalische Erkundung umfaßt die spezielle Untersuchung des aufgeschlossenen Profils anhand des Kernmaterials, der bohrlochgeophysikalischen Messungen usw. Die Methoden entsprechen hier den beim Aufschluß von KW-Lagerstätten angewandten.

Bei der hydrodynamischen Erkundung sind folgende Aufgaben zu lösen:

1. Bestimmung des Produktivitätskoeffizienten der Bohrungen für Wasser;
2. Bestimmung der Permeabilität und Druckleitfähigkeit der Schicht;
3. Einschätzung der Stabilität der Schicht;
4. Klärung der Verbindungen zwischen verschiedenen Abschnitten der Schicht;
5. Bestimmung der Dichtheit des Deckgebirges.

Man unterscheidet die lokale „Hydroerkundung" (Untersuchung der einzelnen Bohrungen; Punkt 1—3) und die flächenhafte „Hydroerkundung" (Untersuchung von Sondergruppen; Punkt 4—5, sowie von Mittelwerten der Permeabilität usw.).

Die für die „Hydroerkundung" notwendige Erregung der Schicht erfolgt im allgemeinen durch Abpumpversuche. Bei lockeren Gesteinen kann es zweckmäßiger sein, Wasser einzupressen. Die Methodik der Auswertung der Daten der künstlichen Schichterregung stellt ein umfangreiches selbständiges Gebiet dar, das in der Spezialliteratur behandelt ist.

Die lokale „Hydroerkundung" kann sofort nach Niederbringung der im vermuteten Topgebiet angesetzten ersten Tiefbohrung (= Parameterbohrung) durchgeführt werden. Nach Beendigung der nachfolgenden Konturierungsbohrungen folgt die flächenhafte „Hydroerkundung". Im allgemeinen wird die für diese erforderliche Trennung der im Profil aufgeschlossenen Horizonte durch Zementbrücken erreicht. Wegen des dafür notwendigen Zeit- und Materialaufwands ist es vorteilhafter, Packer anzuwenden. Die letztere Methode ermöglicht außerdem eine größere Anzahl von Varianten. Bei der gasdynamischen Erkundung erfolgt die Erregung der Schicht durch das Einpressen und die Entnahme von Gas. Es gilt dabei, die Schichtparameter zu bestimmen, ohne deren Kenntnis die Frage der Brauchbarkeit des Objekts nicht gelöst werden kann, z. B.

1. mittlere Gasdurchlässigkeit der Sohlenzone,
2. Aufnahmefähigkeit der Bohrungen für Gas,
3. Grad der Dichtheit des Deckgebirges für Gas,
4. Bewegung des Gas/Wasser-Kontaktes beim Einpressen und bei der Entnahme usw.

Die lokale gasdynamische Erkundung umfaßt kurzzeitige Versuche an ausgewählten Sonden. Die flächenhafte Erkundung wird in verschiedenen Etappen durchgeführt (Einpressen — neutrale Periode — Entnahme).

Von größter Wichtigkeit für die Durchführung der kombinierten Erkundung ist der Zustand der Bohrungen. Da die Bohrarbeiten die größten Kosten verursachen, sollte die Ausrüstung der Bohrungen derart sein, daß ihre Verwendung in allen Etappen der kombinierten Erkundung möglich ist.

Naturgemäß werden die erhaltenen Daten komplex interpretiert, d. h., jede für die gasdynamische Erkundung abgeteufte Bohrung wird geologisch-geophysikalisch ausgewertet.

Etappen der kombinierten Erkundung

Es sind fünf Etappen zu unterscheiden:

1. Etappe: Nach dem Profil der im Top angesetzten Parameterbohrung wird der für die detaillierte Erkundung in Frage kommende Horizont ausgewählt (Permeabilität mindestens 200—300 md, undurchlässige Abdeckung usw.). Das Profil wird fortlaufend gekernt, und in der Bohrung werden nach Erreichen des geologischen Zieles umfangreiche geophysikalische und hydrodynamische Untersuchungen vorgenommen.

Die technische Durchführung erfordert größte Sorgfalt, besonders hinsichtlich der Dichtheit der Verrohrung (Dimension der Endrohrtour in der Regel 8″, damit später noch der Einbau einer 5″-Kolonne möglich ist) und der Zementation. Undichte Ringräume erschweren die Interpretation der „Hydroerkundung" und können bei faktisch geeigneten Objekten zu negativen Schlußfolgerungen führen. Die Prüfung der Dichtheit erfolgt nach den für Tiefbohrungen gültigen Regeln und unter Berücksichtigung der maximalen Drücke, die evtl. beim späteren Betrieb auftreten werden. Die Ringraumkontrolle wird am zweckmäßigsten durch markierte Atome und radiometrische Messungen vorgenommen.

Die nachfolgende lokale „Hydroerkundung" kann gemäß der Zementbrückentechnologie „von unten nach oben" erfolgen. Vorteilhafter als dieses zeitraubende und aufwendige Verfahren ist, wie gesagt, die Verwendung von Packern, wobei „von oben nach unten" getestet wird und gleichzeitige Spiegelbeobachtungen in mehreren Horizonten möglich sind. Der Einsatz der Packer erfordert eine technisch perfekte Durchführung der Arbeiten. Außer der Wirksamkeit der Packer ist die Dichtheit der Rohrkolonnen notwendig. Schwierig sind u. a. auch genaue Wasserspiegelbeobachtungen, wenn es sich um größere Teufen handelt.

2. Etappe: Die Hauptaufgabe dieser Etappe ist die genaue Feststellung des Topgebiets. Es wird ein Näherungsverfahren angewandt: Auf einem Kreis, in dessen Zentrum die Parameterbohrung liegt, werden vier weitere Bohrungen so angesetzt, daß sich zwei zueinander senkrechte Profilschnitte ergeben. Der Radius wird dabei durch überschlägige Bestimmung der für den geplanten Speicher notwendigen Fläche ermittelt. Je nach den angetroffenen Verhältnissen können weitere Bohrungen in der zweiten Etappe notwendig sein. Das ist der Fall, wenn z. B. eine der vier Bohrungen den Bezugshorizont in höherer Lage antrifft, als ihn die Parameterbohrung erschlossen hat. Man wird dann die Hochlage durch mindestens drei weitere Bohrungen zu bestimmen versuchen, die auf einem Kreis um die Bohrung mit der neuen Hochlage angeordnet sind. Die „Hydroerkundung" wird auf die hinzukommenden Bohrungen ausgedehnt.

3. Etappe: In methodischer Hinsicht bestehen weitgehende Analogien zur zweiten Etappe. Die Hauptaufgabe der dritten Etappe besteht in der Konturierung des engeren Topgebiets sowie auch der Detailuntersuchung der Fläche, die für die Gaseinpreßversuche erforderlich ist. Durch die in diesem Stadium durchgeführten Arbeiten muß die möglichst

genaue Bestimmung der Eignung des Erkundungsobjektes erreicht werden. Die Voraussetzungen dafür werden im Laufe der geologisch-geophysikalischen und hydrodynamischen Erkundung geschaffen, deren Ergebnisse der Planung und Durchführung der mit relativ kleinen Volumina erfolgenden Gaseinpreßversuche zugrunde gelegt werden.

4. Etappe: Das Ziel der Arbeiten ist die Bestimmung der Grenzen des für die industrielle Gasspeicherung in Frage kommenden Gebiets, einschließlich der Präzisierung der geologischen Verhältnisse in solchem Maße, daß die Ausarbeitung eines technologischen Schemas für die Durchführung der Gaseinpreßversuche möglich ist. Das erfordert die Bearbeitung des gesamten vorliegenden Materials der vorhergehenden Erkundungsetappen.

5. Etappe: Die Abschlußetappe der kombinierten Strukturerkundung besteht in der Durchführung des Gaseinpreßversuchs (einige 10 Millionen Nm^3 Gas) zur Untersuchung der Gasdichtheit des Deckgebirges, des Verhaltens des Zweiphasensystems Gas—Wasser unter den gegebenen Bedingungen des Objekts usw. Insgesamt werden die Daten ermittelt, ohne deren Kenntnis die Ausarbeitung des für die industrielle Gasspeicherung notwendigen technologischen Schemas unmöglich ist. Das Arbeitsprogramm der fünften Etappe umfaßt hydro- und gasdynamische Untersuchungen.

Abschließend wird darauf hingewiesen, daß die Frage des Übergangs von einer zur anderen Etappe von großer Bedeutung ist. Die Einschätzung des Grads der Abgeschlossenheit dieser oder jener Etappe wird durch die organische Verbundenheit der Etappen erschwert. Der gesamte Komplex ist nicht zuletzt eine technisch-ökonomische Frage. Es ist natürlich, daß sich die Etappen überschneiden können und sich gegenseitig ergänzen. Die „Hydroerkundung" kann z. B. mit relativ geringen Mitteln durchgeführt werden, weil dafür die für die geologisch-geophysikalische Erkundung abgeteuften Bohrungen benutzt werden. Für die erste und zweite Etappe werden sich daher in der Praxis enge Zusammenhänge ergeben.

Die „Hydroerkundung" darf nicht vernachlässigt werden, weil es unmöglich ist, mit den Mitteln der geologisch-geophysikalischen Erkundung alle Fragen zu klären.

Die gasdynamische Erkundung kann in gewissem Grade mit den vorhergehenden Etappen parallel durchgeführt werden, aber sie kann nicht durch die ihr vorangehenden Untersuchungen ersetzt werden. Für die fünfte Etappe ist die Kenntnis einer Reihe von Schichtparametern notwendig, auch sind die Arbeiten sehr material- und zeitaufwendig. Die Inangriffnahme dieser Etappe muß daher genügend begründet sein. Die gasdynamische Erkundung erfolgt, wenn die Möglichkeiten der vorangegangenen Etappen erschöpft sind, unter Zugrundelegung der geologisch-geophysikalischen und hydrodynamischen Erkundungsergebnisse.

Erste Ergebnisse geologischer Untersuchungsarbeiten im Gebiet der Scholle von Calvörde (2. Teil)

GÜNTHER SCHULZE, Halle (Saale)

Trias

Keuper (Abb. 6)

Der Keuper ist nur an der Nord- und Westumrandung der Scholle von Calvörde sowie in der Bülstringen—Farslebener Mulde erhalten. Zur Ablagerung gelangten insgesamt 580 m.

Oberer Keuper

Die Sedimentsäule des Räts beträgt rd. 90 m. Die von W. SCHOTT (1942) und R. WIENHOLZ (1960) angegebenen Gliederungen lassen sich anscheinend nicht vollgültig übertragen. Die Liegendgrenze wurde unterhalb der tiefsten größeren Sandsteineinschaltung angenommen. Nur wenig darunter ist auch eine Veränderung der im Rät vorherrschenden blassen Farbtöne zu kräftiger bunten Farben festzustellen.

Eine eindeutige Trennung zwischen Ober- und Mittelrät mittels lithologischer Merkmale war bisher noch nicht möglich. Die Mächtigkeit beläuft sich auf über 50 m. Davon dürften annähernd zwei Drittel auf das Ober- und ein Drittel auf das Mittelrät entfallen. Lithologisch handelt es sich um dunkelgraue bis grauschwarze, seltener grünliche Tonsteine. Sie gehen gelegentlich in Schluffsteine über, weisen in den oberen 10 m einen schwachen Kalkgehalt und nicht selten Sandflasern auf. Eingelagert sind graue bis weiße und auch grünliche Feinsandsteine in mehrere Meter starken Bänken oder in Wechsellagerung mit den Tonsteinen. Vereinzelt enthält die Schichtenfolge kohlige Bestandteile und vor allem im Oberrät auch Toneisensteingeoden.

Das Unterrät unterscheidet sich von den jüngeren Rätablagerungen auf Grund sporenpaläontologischer Merkmale und durch den Dolomitgehalt. Die auftretenden Dolomitmergelsteine sind von hellgrauer bis graubrauner Farbe, mit gelegentlich grauvioletter und grünlicher Tönung. Weiterhin nehmen am Aufbau kalkige und z. T. dolomitische Ton- und Schluffsteine teil. Sie sind in den oberen 6 m, in denen auch ein Dezimeter starker Konglomerathorizont liegt, schwarzlila gefärbt, zeigen sonst aber kaum farbliche Unterschiede zum Ober- bzw. Mittelrät. In die Dolomitmergelstein-Tonstein-Folge sind einzelne dunkel- und grünlichgraue Feinsandsteinpakete eingelagert, die bis zu 2,5 m erreichen. Im oberen Drittel finden sich bis über 1 m starke, dichte graubraune Dolomitbänke.

Mittlerer Keuper

Der Mittlere Keuper wird von etwa 430 m Sedimentgestein gebildet. Ähnlich wie im Profil Thüringens ist grob zu untergliedern in 180 m Steinmergelkeuper, 13 m Heldburggips, 58 m Rote Wand, 27 m Schilfsandstein und knapp 150 m Gipskeuper.

Das Einsetzen des Unteren Keupers ist gekennzeichnet durch kohliges Pflanzenmaterial und Sandsteinbänke. Auch fehlen die für den Gipskeuper typischen Sulfateinlagerungen im Lettenkohlenkeuper fast völlig. Die Grenze läßt sich mittels der Grenzdolomitregion scharf fassen.

Mit Ausnahme der oberen 45 m, in denen oftmals schwach dolomitische bis dolomitische Schluffsteine und Tonsteine dominieren, wird der Steinmergelkeuper im wesentlichen von Dolomitmergelsteinen aufgebaut. Psammitische Lagen treten hingegen zurück. Eingebettet sind dichte hellgraue Dolomitbänke von wenige Zentimeter bis unter 1 m Stärke. Von etwa 70—95 m unter der Oberkante sind die zumeist bunten Dolomitmergelsteine überwiegend grau gefärbt.

Gelegentlich sind Abschnitte der Ton-, Schluff- und Dolomitmergelsteine durch dünne, stärker dolomitische oder tonig-schluffige Lagen feinschichtig. Unter dem

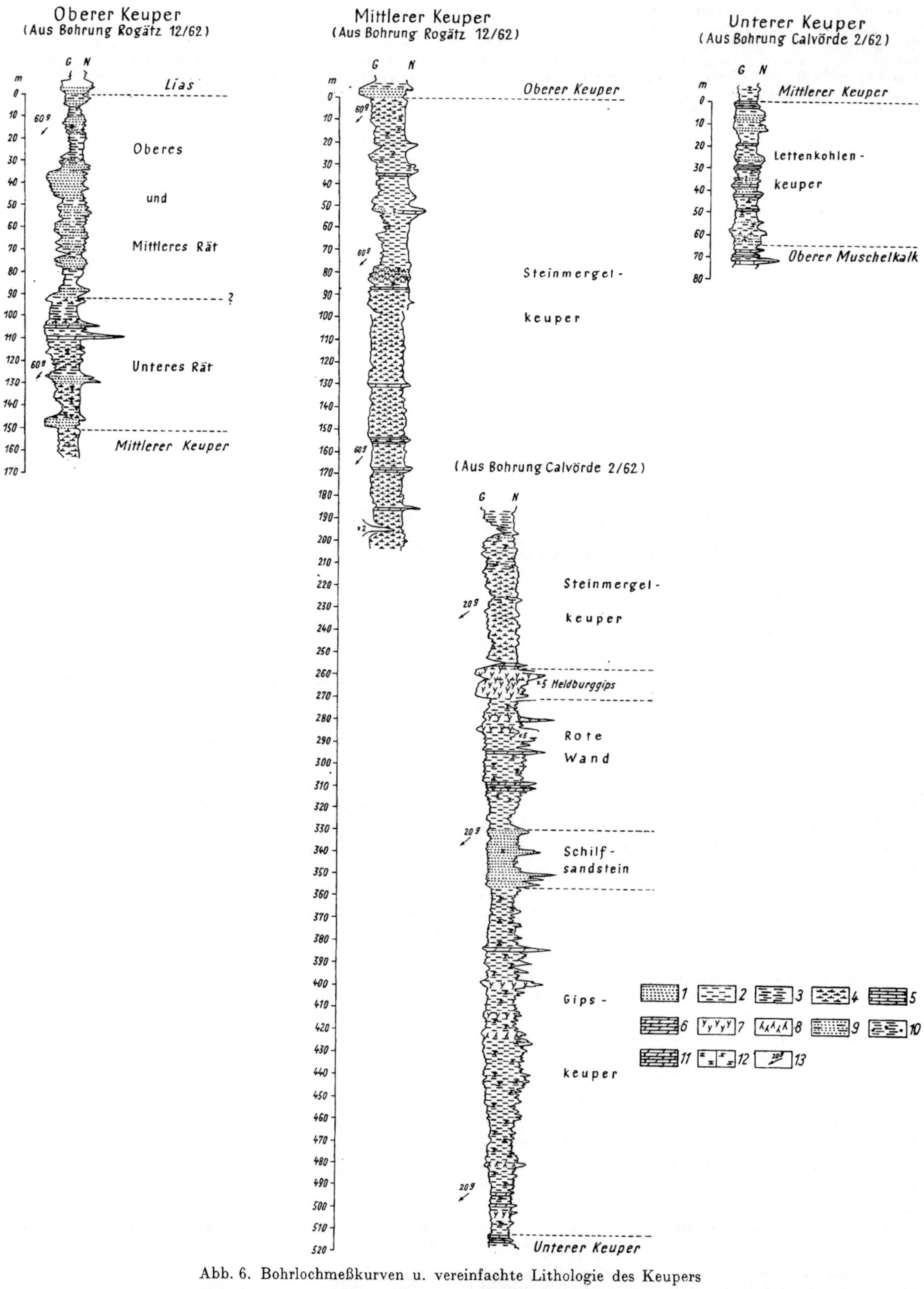

Abb. 6. Bohrlochmeßkurven u. vereinfachte Lithologie des Keupers

1 – Sandstein, 2 – Schluffstein, 3 – Tonstein, 4 – Dolomitmergelstein, 5 – Kalkstein, 6 – Dolomit, 7 – Gips, 8 – Anhydrit, 9 – Wechsellagerung zwischen Tonstein u. Sandstein, 10 – Tonstein konglomeratführend, 11 – Gemenge von Dolomit u. Gips, 12 – $CaCO_3/CaMg(CO_3)_2$-Gehalt, 13 – Einfallen am Kern

G – Gammakurve (nach links abnehmende Intensität), N – Widerstandskurve (nach rechts zunehmender Widerstand)

Steinmergelkeuper folgt das Äquivalent des Heldburggipses. Dieses Gipslager ist farblos bis graubraun und zeigt mitunter graue Dolomitmergelsteinflasern und einzelne Fasergipslagen.

Der zwischen Heldburggips und Schilfsandstein gelegene Anteil wurde in seiner Gesamtheit als Rote Wand bezeichnet. Sie besteht in der Hauptsache aus teilweise dolomitischen Schluffsteinen mit Gips in Knollen-, Flaser- und Wolkenform. Es herrschen braune Farben mit Abstufungen zu rot, violett, lila und sepia vor. Ungefähr im oberen Drittel treten noch ab und zu bis etwa 1 m starke Gipslager auf. Im darunter folgenden Teil der Roten Wand sind einzelne, bis zu 1 m dicke graue Dolomitbänke vorhanden.

Die Sandsteine des Schilfsandsteinhorizontes sind fein- bis mittelkörnig, in den oberen 10 m nur feinkörnig. Sie besitzen wenig toniges Bindemittel. Der obere Teil zeigt dunkelbraune Farben, die nach unten in braunolive bis graulila und letztlich graue Farbtöne übergehen. In den braunen Partien des Hangend- und Mittelabschnittes fallen zahlreiche schwarzbraune, stark eisenschüssige Flecken auf. Im graugefärbten Sandstein sind vereinzelte kohlige Pflanzenreste und millimeterdünne kohlige Schmitzen vorhanden.

Der Gipskeuper läßt sich zwanglos in drei Einheiten unterteilen. Die obere, etwa 65 m mächtige Schichtenfolge besteht aus Schluffsteinen, hauptsächlich dunkelbrauner, streckenweise auch dunkelgrauer Färbung. Sie sind dolomitisch und mitunter kalkig ausgebildet. Gelegentlich ist eine Schichtung durch dünne dolomitische Lagen und ganz vereinzelt durch Dolomitbänke anzutreffen. An verschiedenen Stellen durchsetzt Gips das Gestein in Form von Knollen, Augen, Wolken, Lagen und Flasern. Besonders in der unteren Hälfte dieser oberen Zone fallen Gipsanreicherungen in bis zu 2 m betragenden Abschnitten auf. An der Unterkante befindet sich ein etwa 2 m starkes Kalziumsulfatlager. Darunter folgen knapp 40 m überwiegend dunkelgraue und ca. 45 m hauptsächlich graulila bis violettbraune dolomitische Schluffsteine. Eine Schichtung des Sedimentes wird mitunter durch anhydritische und stärker dolomitische Lagen hervorgerufen.

Kalziumsulfateinlagerungen sind — wie oben beschrieben — gleichfalls vorhanden.

Unterer Keuper

Die Ablagerungen des Unteren Keupers bauen sich aus grauschwarzen, selten dunkelbraunen und grünlichen, gelegentlich dolomitischen Schluffsteinen auf. Eine Schichtung oder Wechsellagerung wird oftmals durch graue bzw. dunkelbraune Sandsteineinlagerungen hervorgerufen. In bestimmten Horizonten, besonders im oberen Teil, sind bis zu wenige Meter starke Fein- bis Mittelsandsteinpartien ausgebildet, die stellenweise durch schluffige Lagen Fein- und Schrägschichtung aufweisen. Bevorzugt im mittleren Abschnitt und in der Grenzdolomitregion können dichte Dolomitbänke bis zu maximal 1 m Dicke auftreten. Kennzeichnend sind kohlige Pflanzenreste und mehrere Aufarbeitungshorizonte. Sulfatische Einlagerungen fehlen fast völlig. An Fossilien wurden ermittelt: *Anoplophora lettica* (QUENST.), *Isaura minuta* (GOLDF.), *Myophoria transversa* BORN., *Myoconcha? gastrochaena* (DUNKER), *Myophoria pes anseris* (v. SCHLOTH.), *Lingula tenuissima* BRONN.

Muschelkalk (Abb. 7)

Der Muschelkalk wird von maximal 300 m Sediment aufgebaut. Zu den bekannten mitteldeutschen Profilen bestehen keine tiefgreifenden Unterschiede. Die faziellen Veränderungen innerhalb der Scholle von Calvörde sind geringfügig.

Oberer Muschelkalk

Der Obere Muschelkalk läßt sich zumindest in die Übergangs-, Ceratiten- und Trochitenschichten unterteilen. Die Gesamtmächtigkeit ist mit rd. 70 m anzusetzen. Davon leiten die oberen 10 m petrofaziell zum Unteren Keuper über. Die Grenze gegen den Mittleren

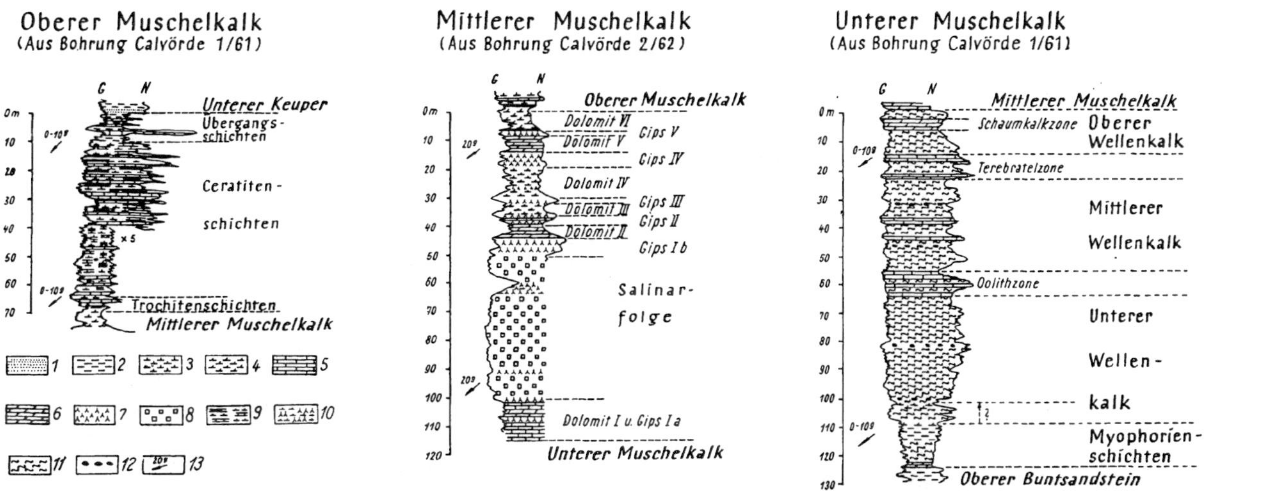

Abb. 7. Bohrlochmeßkurven und vereinfachte Lithologie des Muschelkalks

1 — Sandstein, 2 — Schluffstein, 3 — Mergelstein, 4 — Dolomitmergelstein, 5 — Kalkstein, bankig, 6 — Dolomit, 7 — Anhydrit, 8 — Steinsalz, 9 — Wechsellagerung zwischen Kalkstein und Mergelstein, 10 — Wechsellagerung zwischen Dolomitmergelstein und Anhydrit, 11 — Kalkstein, flasrig, plattig und knaurig; 12 — Konglomerat, 13 — Einfallen am Kern

G — Gammakurve (nach links abnehmende Intensität), N — Widerstandskurve (nach rechts zunehmender Widerstand)

Muschelkalk ist mit dem Auftreten von Dolomitmergelsteinen deutlich gegeben.

Die Übergangsschichten nehmen ca. 10 m ein. Sie setzen sich im wesentlichen aus dunkelgrauen kalkigen und dolomitischen Schluff- und Tonsteinen zusammen, die überwiegend durch Sandsteinlagen feingeschichtet sind. Vereinzelt treten auch feinkörnige Sandsteinbänkchen auf. Die oberen 5 m führen noch kohliges Pflanzenmaterial. Charakteristisch sind einzelne Kalksteinbänke, die teilweise als Schillkalk entwickelt sind und mitunter in Dolomit übergehen. Etwa 8—9 m unter der Basis des Unteren Keupers konnte eine bleiglanzführende Schillkalkbank nachgewiesen werden. An Fossilien wurden Teilabdrücke von Ceratiten des Oberen Muschelkalkes sowie einige Exemplare von *Myophoria pes anseris* (V. SCHLOTH.) festgestellt.

Die sich im Liegenden anschließenden eigentlichen Ceratitenschichten umfassen 55 m. Sie bilden eine Kalkstein-Tonmergelstein-Wechselfolge. Die Mächtigkeit der Kalksteine und Tonmergelsteine bewegt sich meist im Zentimeter- bis Dezimeterbereich. Gelegentlich wurden etwas stärkere Kalksteinbänke bis maximal über 2 m angetroffen.

Unter den Ceratitenschichten folgen ungefähr 5 m Trochitenkalk. In diesem Bereich wurden überwiegend Kalksteine und dolomitische Mergelsteine erbohrt. Typisch sind das Auftreten von Crinoidenstielgliedern sowie Glaukonit- und Chloriteinlagerungen. Gelegentlich wurden Kalksteingerölle bis zu einigen Zentimetern Durchmesser festgestellt. Vereinzelt fallen bis 3 cm große Drusen auf, deren Wände meist mit Kalzitkristallen besetzt sind. Die z. T. bankigen Kalksteine (maximal über 1 m) führen sehr selten kohlige Partikelchen.

Mittlerer Muschelkalk

Ähnlich den Verhältnissen des thüringischen Raumes und des nördlichen Harzvorlandes konnten auf der Scholle von Calvörde im Mittleren Muschelkalk sechs dolomitische (Dolomit VI—I) und fünf sulfatische Schichtpakete (Gips V—I) ausgehalten und als Gliederungsskelett verwendet werden. Die Mächtigkeit beträgt ohne Steinsalz etwa 70—80 m, mit Steinsalz bis zu 110 m.

Im größten Teil des Untersuchungsgebietes ist Steinsalz im Mittleren Muschelkalk ursprünglich zur Ablagerung gelangt. Nach der Mächtigkeitsverteilung kann die Achse des ehemaligen Salinarbeckens zwischen den Salzaufbrüchen Zobbenitz und Dannefeld angenommen werden. Westlich und östlich davon dünnen die Steinsalzlager primär aus. Im östlichen Teil der Scholle von Calvörde scheint die Chloridphase nicht mehr zur Abscheidung gekommen zu sein.

Die Grenze Mittlerer Muschelkalk/Unterer Muschelkalk wurde mit dem Auftreten der ersten flasrigen und plattigen Kalksteine gezogen.

Der unter dem Oberen Muschelkalk folgende Dolomit VI mißt 5—7 m und liegt im Arbeitsgebiet meist als Dolomitmergelstein vor. Er ist von hellgrauer Farbe und durch tonige Lamellen durchweg feinschichtig. Teilweise konnten auch Dolomit- und Dolomitmergelstein als Wechsellagerung erbohrt werden. An der Unterkante befinden sich gelegentlich kompakte Dolomitbänkchen von einigen Dezimeter Stärke.

Darunter schließt sich der Gips V an. Der entsprechende, etwa 2 m mächtige Anhydrit ist dunkelgrau, dunkelblaugrau und durch dünne Dolomitmergelsteinlagen fast durchweg feinschichtig. Dieser Bereich war nicht immer eindeutig auszuhalten, da er z. T. sehr geringmächtig und als Tonmergelstein-Gips-Wechsellagerung ausgebildet ist.

Als Äquivalent des Dolomites V wurde im Arbeitsgebiet ein hell- bis dunkelgrauer, 6 m starker Dolomit erbohrt, der geschichtet ist. Die Schichtung wird durch Anhydritlagen oder dunklere tonige Lamellen hervorgerufen.

Analog zum Gips IV wurde Anhydrit in Wechsellagerung mit Dolomitmergelstein, verschiedentlich auch Gips in Wechsellagerung mit Schluffstein bzw. als Gemenge angetroffen. Außerdem treten noch Dolomit, Anhydrit und Dolomitmergelstein gemengt auf. Dieser Abschnitt umfaßt etwa 5—8 m.

Der darunter folgende Dolomit IV ist als 10 m mächtiges Dolomitmergelsteinpaket zur Ablagerung gekommen. Das grauschwarze Gestein zeigt deutliche Feinschichtung durch Dolomitlagen. Außerdem sind dunkelgraue Anhydritlagen eingeschaltet. Ungefähr 2 m über der Unterkante schiebt sich eine ca. 1 m starke Anhydrit- bzw. Gipsbank ein. Sie läßt sich fast über das gesamte Arbeitsgebiet verfolgen.

Der Gips III findet sein Gegenstück in einem 2 m mächtigen, dunkelgrauen bis dunkelblaugrauen Anhydrit, der teilweise durch Dolomitlagen oder tonig-dolomitische Lamellen geschichtet ist.

Als Dolomit III wurde die sich im Liegenden anschließende, 2—4 m starke Dolomitmergelsteinserie angesehen, die in lithologischer Hinsicht nicht von der des Dolomits IV abweicht.

Synchron zum Gips II sind im Untersuchungsgebiet 2—3 m dunkelblaugrauer, durch tonig-dolomitische Lagen geschichteter Anhydrit entwickelt. Stellenweise wird der Anhydrit durch eine 1 m mächtige Dolomit-/Dolomitmergelsteinbank zweigeteilt.

In einer wahren Mächtigkeit von 5—8 m wurde das Äquivalent des Dolomits II erbohrt. Es liegt als Dolomit und Dolomitmergelstein vor, die wechsellagern. Gelegentlich tritt der Dolomitanteil in den Vordergrund.

Das Salinar des Mittleren Muschelkalkes umfaßt mit dem Gips I im Liegenden (Ia) und im Hangenden (Ib) rund 64 m. Auf den halitischen Anteil entfallen davon etwa 40 m. Das Steinsalz ist farblos, mitunter schwach fahlbraun und häufig schmutziggrau durch staub- und spreuartig eingelagerte Anhydritsubstanz. Diese kann sich in Lagen von 2 bis 5 cm und maximal 12 cm Stärke anreichern, so daß eine bandförmige Schichtung hervorgerufen wird. Es besteht große Ähnlichkeit zum Steinsalz der Staßfurt-Serie, jedoch fehlt der für das Staßfurtsteinsalz charakteristische Merkaptangeruch. Hin und wieder ist das Steinsalz in Straten bis zu 2 cm Stärke pegmatitartig mit Anhydrit verwachsen.

Von 15—20 m unter der Oberkante der Salinarfolge befindet sich ein Dolomitmergelstein-Anhydritmittel, das sich auch in den geophysikalischen Bohrlochmeßkurven der Auslaugungsprofile gut hervorhebt. Der Dolomitmergelstein und der Anhydrit treten abwechselnd auf. Daneben sind einzelne bis zu wenigen Dezimetern starke Anhydriteinlagerungen vorhanden.

Der im Liegenden des Muschelkalksalzes auftretende Gips Ia wird im Arbeitsgebiet durch 3 m dunkelgrauen bis dunkelblaugrauen Anhydrit repräsentiert, dessen Schichtung durch etwas dunklere Lagen nur stellenweise angedeutet ist. Den Basisanhydrit teilt eine ca. 4 m mächtige Bank, deren obere 2 m aus Kalkstein und deren untere 2 m aus Dolomit bestehen. Mitunter konnte auch nur Dolomitmergelstein nachgewiesen werden. Die Basis des Mittleren Muschelkalkes bildet eine ungefähr 5—7 m mächtige Serie von kalkigen Dolomiten bzw. dolomitischen Kalken, die dem Dolomit I gleichzustellen sind.

Unterer Muschelkalk

Der Wellenkalk erreicht im Untersuchungsgebiet nicht ganz 110 m. Ihn unterlagern 15—20 m Myophorienschichten, so daß für den Unteren Muschelkalk eine mittlere Gesamtmächtigkeit von ca. 125 m anzusetzen ist.

Der Obere Wellenkalk umfaßt einschließlich Schaumkalk- und Terebratelzone ungefähr 25 m. Er beginnt oben mit einer plattig-flasrig-knaurigen Schicht, die im Höchstfalle 3 m mißt. Die anschließende Schaumkalkzone wird von ca. 4 m kalkigem Dolomit oder klotzigem Kalkstein gebildet. In der Gegend von Burg—Niegripp spaltet sich die Schaumkalkzone in wenigstens zwei, z. T. oolithische und dolomitische Kalksteinbänke auf. Dazwischen lagert Wellenkalk. Die Mächtigkeit kann dann 6 m überschreiten. Zwischen der Schaumkalk- und Terebratelzone befinden sich ca. 6—9 m Wellenkalk.

Die Terebratelzone mit den Wellenkalkzwischenmitteln erstreckt sich über rd. 8—11 m. Sie setzt im Gebiet östlich Burg mit einer 2,5 m starken kompakten Kalksteinbank ein. Diese wird von 3 m plattigem Kalkstein und einer unteren 2 m starken Kalksteinbank unterlagert.

Bei Niegripp sind über und unter dem Wellenkalkzwischenmittel der Terebratelzone mehrere, einige Dezimeter starke oolithische Bänke anzutreffen. Im mittleren und westlichen Teil der Scholle von Calvörde wird der obere Bankbereich wahrscheinlich durch 2—3 m plattigen bis dünnbankigen Kalkstein vertreten und ist nicht immer als deutliche Bankzone erkennbar. Durch ca. 5 m Wellenkalk getrennt, folgt hier der 2 bis 5 m starke untere Bankbereich. Er besteht aus zwei oolithischen Bänken mit etwa 1—2 m dazwischengeschaltetem Wellenkalk.

Der Mittlere Wellenkalk mißt bis zur Oberkante der oberen Oolithbank etwa 28—32 m.

In dem flasrig-knaurig-plattigen Wellenkalk sind mehrere (4—6?) z. T. konglomeratführende dichte oder oolithische Kalksteinbänke eingelagert. Die Oolithkalke können dabei eine Maximalmächtigkeit von ca. 2,5 m erreichen. Anscheinend findet bei stark wechselnder Mächtigkeit ein horizontaler Übergang der Lagen mit intraformationellen Konglomeraten in dichte, aber auch oolithische Kalksteinbänke statt. Ihre stratigraphische Parallelisierung wird hierdurch wesentlich erschwert.

Die Zone der Oolithbänke umfaßt etwa 7—8 m. Die obere Bank ist ca. 2,5—4 m stark und kompakt. Im Osten geht sie teilweise in Oolithkalk und Dolomit über.

Der untere Bankbereich ist im West- und Mittelabschnitt der Scholle von Calvörde nur schwach ausgeprägt. Er wird hier einschließlich des nur schwer abzutrennenden Zwischenmittels von ca. 5 m flasrigem bis plattigem Kalkstein mit zwei bis drei geringmächtigen Kalksteinbänkchen repräsentiert. Diese schließen sich östlich des Salzstockes Colbitz in zunehmendem Maße zu einer maximal 2,5 m starken kompakten Bank zusammen.

Der darunter befindliche Abschnitt des Unteren Wellenkalkes beläuft sich auf ungefähr 40—45 m. Er wird von Kalksteinen flasriger, knauriger und plattiger Textur aufgebaut. Oftmals fällt in den oberen 5—7 m eine stärker knaurige Zone auf. 8—10 m unterhalb der unteren Oolithbankzone findet sich eine weitere Bank, die besonders in den östlichen Gebieten auszuhalten scheint und bis zu 0,5 m stark werden kann.

Ungefähr die untere Hälfte des Unteren Wellenkalkes ist durch das stärkere Hervortreten einer plattigen Textur des Wellenkalkes ausgezeichnet. Westlich des Salzstockes Zobbenitz ist die untere Grenze des Unteren Wellenkalkes nicht völlig eindeutig. In diesem Gebiet sind die unteren 3—5 m des Wellenkalkes fast nur plattig entwickelt. Darüber liegen ca. 2,5 m Dolomitmergelstein und Dolomit. Eventuell gehören die letztgenannten Sedimente bereits zu den Myophorienschichten.

Ungefähr 8 m über der Grenze zu den Myophorienschichten wurde mehrmals eine Kalkstein-Konglomeratbank festgestellt. Darüber hinaus konnten weitere intraformationelle Kalkstein-Geröllhorizonte bei 21 m bzw. 26 m über der Wellenkalkbasis ermittelt werden.

Im Anschluß an den Unteren Wellenkalk liegen 15 bis 20 m Myophorienschichten vor. Sie lassen im gesamten Arbeitsgebiet eine deutliche Zweigliederung erkennen, wobei die lithologische Ausbildung im Westen und Osten der Scholle von Calvörde Unterschiede aufweist.

Im Westteil führt die obere etwa 6—8 m starke Partie buntfarbige Schluffsteine, die durch dünne dolomitische Lagen geschichtet sind. An der Oberkante befindet sich 1 m Dolomit bzw. Dolomitmergelstein. Darunter lagern rd. 7 m mit Mergelsteinen wechselnde plattige Kalksteine. An ihrer Unterkante, die zugleich die Basis der Myophorienschichten bildet, ist eine Dolomitbank von 2 m ausgebildet.

Im Ostteil ist die schluffige obere Partie geringmächtiger und grünlich-grau gefärbt. Im Hangenden und Liegenden kann jeweils eine Dolomitbank auftreten. Tiefer folgen bei Wolmirstedt ca. 7 m Dolomitmergelstein und 10 m Kalkstein in feinschichtigem Wechsel mit Mergelstein, bei Niegripp knapp 18 m Kalkstein und Mergelstein.

Die Myophorienschichten zeigen sulfatische Ausscheidungen in Form von Knollen, Lagen und Kluftfüllungen. Die Grenze zur oberen Stufe des Buntsandsteins bildet ein im Liegenden der Kalkstein-Mergelstein-Wechselfolge auftretendes glaukonitisches Konglomerat.

Buntsandstein (Abb. 8)

Maximal 700 m Sedimentgestein entfallen auf die drei Abteilungen des Buntsandsteins, der die größte Fläche des prätertiären Untergrundes der Scholle von Calvörde einnimmt.

Oberer Buntsandstein

Die nachgewiesene Mächtigkeit des nicht von Auslaugungsvorgängen betroffenen Oberen Buntsandsteins schwankt zwischen mehr als 220 m und 190 m. Diese Differenz ist vor allem auf das Rötsalz zurückzuführen.

Zur Grenzziehung zwischen Oberem und Mittlerem Buntsandstein dienten der unter dem Basisgips des Rötsalzes folgende, bis maximal 3 m mächtige Dolomit bzw. stark dolomitische Schluffstein einerseits und das Einsetzen der ersten Sandsteinbänkchen andererseits. Neuere Untersuchungen liefern Argumente, denen zufolge die Grenze an die H-Diskordanz, d. h. unter die Sollingfolge, zu legen ist (vgl. F. TRUSHEIM 1963). An der Unterkante des Dolomits bzw. stark dolomitischen Schluffsteins sind ab und zu noch 1—2 m Kalkstein ausgebildet. Zwischen die karbonatischen Sedimente des Oberen Buntsandsteins und die jüngsten gröberen Schüttungen des Mittleren Buntsandsteins schiebt sich in den östlichsten Teilen des Untersuchungsgebietes eine etwa 10 m mächtige Schluffsteinfolge mit eingeschalteten Kalksteinbänkchen. Die stratigraphische Stellung dieser Sedimente ist noch nicht geklärt.

Bei der Gliederung der Schichten des Oberen Buntsandsteins, die in ihrem grundsätzlichen Aufbau nicht vollauf befriedigt, wurden vier größere Bereiche ausgehalten:

Graue Schluffsteinfolge (mit Gips 4)
Dunkelbraune Schluffsteinfolge (unterlagert von Gips 3)
Myophoriendolomite
Rötsalinar (mit Gips 2—1 und Basiskarbonat)

Die Ähnlichkeit zu der von K. B. JUBITZ (1959) herausgearbeiteten Feinstratigraphie des Thüringer Gebietes ist unverkennbar.

Graue Schluffsteinfolge (mit Gips 4)

Dieser Abschnitt umfaßt die Gesteine von der Grenze Unterer Muschelkalk/Röt bis zum Äquivalent der „Werksfolge Karsdorf". Seine Mächtigkeit beträgt nahezu 35 m. Die oberen 20 m setzen sich im wesentlichen aus grauen bis dunkelgrauen, schwach grünlichen und bräunlichen, gelegentlich graulila gefärbten Schluffsteinen zusammen. Sie weisen meist einen unterschiedlichen Kalk- und Dolomitgehalt auf. Häufig ist der Schluffstein feinschichtig durch Dolomitmergelstein- und Anhydritlagen. Gelegentlich ist 5—6 m unter der Oberkante Kupferkies in Form winziger Sprenkeln zu finden.

Die darunter folgende Zone wurde als Wechsellagerung von Anhydrit (Gips) und Schluffstein bzw. Anhydrit und Dolomitmergelstein erbohrt. Sie ist als Analogon des Gipses 4b anzusehen. Vorherrschende Farben sind grau, dunkelgrau und dunkelblaugrau. Für diesen Bereich wurde eine Mächtigkeit von 1—6 m festgestellt.

Die sich im Liegenden anschließenden Sedimente umfassen noch ca. 7—8 m und weichen in ihrer Ausbildung kaum von den obersten 20 m ab.

Das Äquivalent des Gipses 4a wurde in einer Stärke von rund 3—4 m angetroffen. Es besteht aus Anhydrit und Schluffstein, die sich anteilmäßig gegeneinander etwas verschieben können.

Im gesamten Abschnitt der Grauen Schluffsteinfolge mit dem Gips 4 fallen Anhydrit- und Gipsknollen, -wolken und -fetzen auf. Es war deshalb bisher nicht möglich, die Gipse 4d und 4c eindeutig auszuhalten.

Dunkelbraune Schluffsteinfolge (unterlagert von Gips 3)

Entsprechend den roten Tonsteinen und Mergeln der „Werksfolge Karsdorf" konnte im Arbeitsgebiet ein markanter Horizont herausgestellt werden, der sich fast ausschließlich aus dunkelbraunen, schwach rötlichen und graulilafarbenen, selten grünfleckigen, überwiegend kalkfreien gips- und anhydritknollenführenden Schluffsteinen zusammensetzt. Die Mächtigkeit beträgt rund 45 m. Lediglich die Gegend um Calvörde weicht mit knapp über 30 m etwas vom normalen Profil ab. 12—15 m unter dem Gips 4a tritt eine bis maximal 0,8 m starke, graugrün gefärbte dolomitische Zone auf, die offenbar Leitwert besitzt und dem „Doppelquarzit" des Thüringer Raumes gleichzustellen ist.

In den unteren 5—8 m sind gelegentlich Anhydritlagen und -flasern eingeschaltet, in deren unmittelbarer Nähe die Schluffsteine häufig graugrüne Farbtöne aufweisen.

Im Liegenden der Dunkelbraunen Schluffsteinfolge wurden ca. 8 m Anhydrit ausgebracht. Nicht selten ist dieser durch Schluffsteinlagen im mm- bis cm-Bereich feingeschichtet und geht teilweise in Wechsellagerung über. Offensichtlich handelt es sich dabei um den Gips 3 an der Basis der „Werksfolge Karsdorf".

Myophoriendolomite

Die Region der Myophoriendolomite wurde in einer Mächtigkeit von 20—25 m angetroffen. Während in den oberen 20 m dunkelgraue, schwach grünliche, bis 5 m unter der Oberkante auch teilweise dunkelbraun gefärbte, schwach kalkige und schwach dolomitische Schluffsteine überwiegen, nehmen bis zum Liegenden Anhydriteinlagerungen stark zu. Unregelmäßig eingeschaltet sind 5—6 Dolomitbänke, deren Stärke bis zu einem Meter betragen kann. Anhydritknollen befinden sich vor allem in den Schluffsteinpartien.

Rötsalinar (mit Gips 2—1 und Basiskarbonat)

Den untersten Abschnitt des Oberen Buntsandsteins bildet das Rötsalinar mit einem hangenden Übergang und den Basisschichten. Der Gesamtkomplex umfaßt bei Burg etwa 90 m und bei Wolmirstedt 115 m. Dieser Mächtigkeitsunterschied ist aller Wahrscheinlichkeit nach primär bedingt.

Im Anschluß an die Myophoriendolomite konnte 2—3 m mächtiger dunkelgrauer bis dunkelblaugrauer Anhydrit erbohrt werden. Es handelt sich hierbei um den Gips 2. Er wird durch etwa 1 m Dolomit und 3 bis 4 m dunkelgrauen, schwach grünlichen Schluffstein vom Gips 1b getrennt.

Das darunterliegende Steinsalz ist farblos, meist grau und dunkelgrau durch feinverteilte Anhydrit-Ton-Substanz sowie fahlbraun und orangebraun durch eingelagerte Anhydrit- und Polyhalitflocken. Dieses Material kann sich lagenartig in unterschiedlichen Mengen anreichern und ruft somit eine Schichtung hervor. In die Salzfolge sind 4—5 zum Teil polyhalitische Anhydritmittel eingeschaltet, von denen sich das stärkste (etwa 5 m) in der Mitte des Profiles befindet. Häufig weisen die Anhydritmittel pegmatitartige Verwachsungen mit dem Steinsalz auf. Gelegentlich konnten Kristallsalznester und -lagen festgestellt werden.

Die Mächtigkeit des Anhydrits (Gips 1b) im Hangenden des Rötsteinsalzlagers beträgt maximal 6—7 m.

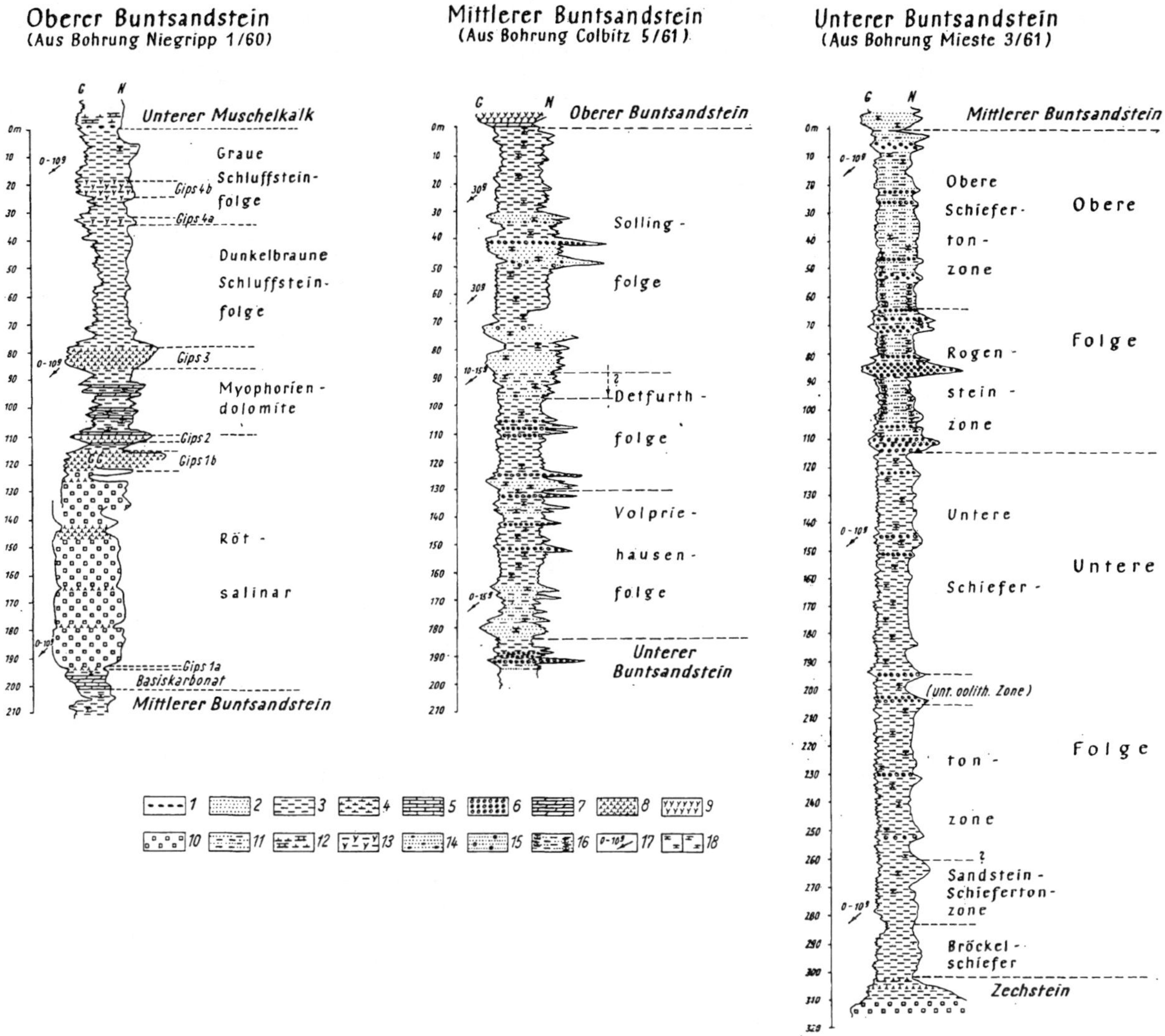

Abb. 8. Bohrlochmeßkurven und vereinfachte Lithologie des Buntsandsteins

1 — Konglomerat, 2 — Sandstein, 3 — Schluffstein, 4 — Mergelstein, 5 — Kalkstein, 6 — Rogenstein, 7 — Dolomit, 8 — Anhydrit, 9 — Gips, 10 — Steinsalz, 11 — Wechsellagerung zwischen Sandstein und Schluffstein, 12 — Wechsellagerung zwischen Mergelstein und Kalkstein, 13 — Wechsellagerung zwischen Gips und Schluffstein, 14 — konglomeratführender Sandstein, 15 — Sandstein mit Kalkooiden, 16 — Wechsellagerung zwischen Schluffstein und Kalksandstein, 17 — Einfallen am Kern, 18 — $CaCO_3$-/$CaMg(CO_3)_2$-Gehalt, G — Gammakurve (nach links abnehmende Intensität), N — Widerstandskurve (nach rechts zunehmender Widerstand), GG — Gamma-Gamma-Kurve (nach rechts zunehmende Intensität)

Dagegen konnte für den Basisanhydrit (Gips 1a) nur eine Mächtigkeit von etwa 1—1,5 m nachgewiesen werden.

Unter dem Basissulfat schließen sich als Grenzschicht zum Mittleren Buntsandstein die schon eingangs erwähnten Sedimente an. Es herrscht meist dunkelgraue Farbe vor. Teilweise sind die Gesteine durch mm-starke Anhydritlamellen bzw. anhydritische Lagen geschichtet.

Mittlerer Buntsandstein

Die Gliederung des Mittleren Buntsandsteins wurde vorerst auf zyklischer Grundlage in Anlehnung an H. BOIGK (1959) und andere vorgenommen. Neben den allgemeinen Merkmalen der Gesteinsausbildung und vereinzelten biostratigraphischen Kriterien erfolgte die Parallelisierung mit den westdeutschen Profilen des Mittleren Buntsandsteins vor allem anhand des sogenannten „Grauen Hardegsentones". Der Mittlere Buntsandstein erreicht im östlichen und wahrscheinlich auch noch im mittleren Bereich der Scholle von Calvörde eine Mächtigkeit von 180 m. Die Hardegsenfolge fehlt im Untersuchungsgebiet völlig, so daß zumindest in diesem Punkt die Auffassung F. TRUSHEIMS (1963) bestätigt werden muß. Im westlichen Teil des Arbeitsgebietes, etwa westlich der Linie Mannhausen—Mieste—Breitenfeld, macht sich die über den Harz und den Flechtinger Höhenzug hinausgreifende Fortsetzung der rheinisch gerichteten Eichsfeld-Schwelle stärker bemerkbar. Sie kann hier eine Mächtigkeitsreduzierung bis auf 120 m zur Folge haben. Die Schichtausfälle gegenüber dem östlichen Teil der Scholle von Calvörde betreffen große Partien des Detfurthtons und vor allem die dunkelbraunen tonigen Sedimente der Sollingfolge oberhalb der sogenannten dunklen Tonsteine (ehemals Grauer Hardegsenton). Die Volpriehausenfolge wird praktisch nicht davon berührt. Der mittlere und östliche Abschnitt der Scholle von Calvörde befinden sich im Bereich der östlichen Abdachung der Schwelle. Die südlich von Burg erbohrten Teilprofile deuten auf eine östlich anschließende Trogzone mit erhöhten Mächtigkeiten des Mittleren Buntsandsteins hin.

Grundsätzlich lassen die zum nördlichen und vor allem zum südlichen Harzvorland vergleichsweise geringer mächtigen und feiner körnigen Sandsteineinschaltungen im Mittleren Buntsandstein der Scholle von Calvörde auf eine größere Entfernung zum Liefergebiet schließen. Weiterhin zeigt sich deutlich, daß der nördlich des Flechtinger Höhenzuges erbohrte Mittlere Buntsandstein in Schwellenfazies mit relativ hohem Anteil oolithisch-karbonatischer Komponenten und stellenweise umgelagertem Buntsandsteinmaterial vorliegt. Eine lapidare Kennzeichnung ergibt für das Colbitzer Gebiet, wo „normale" Mächtigkeiten anzunehmen sind, folgendes Bild:

Sollingfolge (ca. 90 m)

Den obersten Teil bilden über 30 m dunkelbraune, partienweise auch grünliche Schluffsteine, deren Karbonatgehalt sich nach unten hin verliert. Stellenweise sind graue, graulila und grünliche, zumeist kalkige Feinsandsteinlagen eingeschaltet. Im hangenden Viertel dieses Profilabschnittes, in dem auch grobe Sandsteinlagen vorkommen, verdienen dünne, verkieselte Sandsteinbänke besondere Erwähnung. Nicht selten sind kohlige Pflanzenreste, Fischschuppen, Knochenreste und Isauren.

Darunter befinden sich etwa 4 m hellgrauer, schwach grünlich und graulila gefärbter, nur ganz gering feldspatführender Sandstein mit kalkigem Bindemittel. Er birgt Muscheln, Fisch- und Pflanzenreste. Auch sind häufig Gerölle aus dem Buntsandstein eingebettet.

Der Sandstein wird unterlagert von über 5 m dunkelbraunen und dunkelgrauen, schwach grünlichen kalkigen Schluffsteinen, die durch dünne Feinsandsteinlagen feinschichtig sind.

Im Liegenden schließt sich rund 8 m mächtiger hellgrau und graulila getönter, schwach kalkiger Fein- bis Mittelsandstein an. Er zeigt vorwiegend Kornbindung und einen ganz geringen Feldspatgehalt. An der Oberkante liegt eine 0,8 m starke Kalkrogensteinbank. Auch im tieferen Teil treten Kalkooide auf, in den unteren 3 m ist sogar ein Überwiegen der Kalksteinkomponente festzustellen.

Die nachstehenden knapp 40 m betragenden Schichten entsprechen allem Anschein nach der 5. Abfolge der Hardegsenserie (vgl. A. HERRMANN 1961, S. 362 bis 363), die nach jüngeren Untersuchungen (A. HERRMANN & E. HOFRICHTER 1962, F. TRUSHEIM 1963) in die Sollingfolge gestellt wird.

Den oberen, über 20 m mächtigen Abschnitt setzen hauptsächlich dunkelbraune, schwach rötliche, seltener graulila aussehende Schluffsteine zusammen. Sie sind im unteren Teil durchweg, im höheren Teil nur stellenweise durch dünne, graue, grünliche und graulila Feinsandsteinlagen geschichtet. An der Basis befindet sich dunkelgrauer, schwach grünlicher Schluffstein.

Es folgt ein etwa 6 m starkes Sandsteinpaket. Dieses ist feinkörnig, dunkelbraun und graulila gefärbt und zeigt Tongallen. An seiner Obergrenze tritt eine 0,4 m starke Rogensteinbank mit kieseligem Bindemittel auf.

Unter dem Sandstein wurden die dunklen Tonsteine der „Tonigen Zwischenschichten" (früher Grauer Hardegsenton) in etwa 4 m Mächtigkeit angetroffen. Das Gestein liegt als dunkelgrauer bis grauschwarzer Schluffstein vor, der durch schwach dolomitische Kalksandsteinlagen geschichtet ist. Zu erwähnen sind Schwefelkieskonkretionen sowie ganz vereinzelt Kupferkies und Bleiglanz in Form von Hieken und Fünkchen.

Die Basis der Folge baut dann ein weißlichgrauer bis lilagrauer Fein- bis Mittelsandstein mit kalkigem Bindemittel und farblosen, grobkörnigen Quarzlagen auf. Der Sandstein führt Tongallen und ist schräggeschichtet. Seine Mächtigkeit beträgt mehr als 7 m.

Detfurthfolge (ca. 42 m)

Die jüngsten Bildungen dieser Folge werden von 14 m mächtigen, grauen, grünlichen und graulilafarbenen, höchstens schwach kalkigen Schluffsteinen repräsentiert. Sie sind durch dünne Feinsandsteinlagen geschichtet. In der oberen Hälfte besteht eine ausgesprochen enge Wechsellagerung zwischen Schluff- und Feinsandstein. Die obersten 5 m leiten mit 2 Sandsteinmitteln von 1,5 m und 1 m Stärke zum hangenden Sandstein der Sollingfolge über. Etwa in der Mitte des Profils befindet sich eine Dezimeter starke Schicht mit bis zu 4 cm großen Sandstein- und Schluffsteingeröllen. Diese sind eventuell Ausdruck einer größeren Schichtlücke. Es besteht demzufolge eine gewisse Berechtigung, die Grenze Detfurth-/Sollingfolge an diese Stelle zu legen.

Der nächste Abschnitt umfaßt knapp 25 m. Er besteht gleichfalls aus ganz schwach kalkigem Schluffstein von dunkelbrauner, grauer, grünlicher und graulila Farbe, der durch dünne Feinsandsteinlagen eine Schichtung erfährt. Zum Unterschied vom darüberliegenden Schluffsteinbereich sind hier allerdings nicht selten schwach dolomitische Rogensteinbänke von bis zu einigen Dezimetern Stärke eingelagert. Ferner konnten wenige Exemplare von *Isaura albertii* (VOLTZ), fragliche Muschelbrut und in einem Exemplar *Avicula murchisoni* (GEINITZ) gefunden werden.

Als tiefstes Glied der Detfurthfolge wurde ein kaolin- und feldspathaltiger Fein- bis Mittelsandstein in einer Stärke von etwa 3,5 m angetroffen. Er zeigt graue, graulila und dunkelbraune Färbung, Schrägschichtung, kalkiges Bindemittel und Tongallen. In der Nachbarschaft oberhalb und unterhalb des Sandsteinhorizontes befindet sich jeweils eine mehrere Dezimeter starke Rogensteinbank.

Volpriehausenfolge (rd. 52 m)

Die oberen 35 m setzen sich aus einer Wechselfolge dunkelbrauner, seltener grauer und grünlicher, höchstens schwach kalkiger Schluffsteine mit häufig graulila gefärbten dünnen Kalkfeinsandsteinlagen zusammen. In den hangenden zwei Dritteln lagern mehrere maximal über 1 m dicke Kalksandstein- oder Rogensteinbänke, die sich unterhalb des Detfurth-Sandsteins häufen und als Übergangsbildung zu letzterem angesehen werden können. Hervorzuheben ist das Auftreten zahlreicher Exemplare von *Isaura albertii* (VOLTZ), *Isaura laxi-*

texta (Sandb.), *Paläolimnadia* (?) sp. und Muschelbrut. Möglicherweise handelt es sich um ein Äquivalent des Gervilleienlagers. Charakteristisch und vermutlich von Leitwert sind zahlreiche Gipsporphyroblasten und -knollen, die sich unterhalb der fossilführenden Zone immer wieder nachweisen lassen.

Nach unten anschließend trifft man auf ca. 13 m mächtigen, dunkelbraunen und grünlichen, höchstens schwach kalkigen Schluffstein mit dünnen Feinsandsteinlagen. Eingeschaltet sind grauweißliche sowie hellgraue, schwach bräunliche und schwach grünliche feldspat- und teilweise kaolinführende Fein- bis Grobsandsteine mit vorwiegend Kornbindung und Schrägschichtung. Sie besitzen eine Stärke von wenigen Dezimetern bis über 1 m. Auch hier treten noch Brachiopoden der Gattung *Isaura* auf.

Den Sockel der Volpriehausenfolge bilden mehr als 4 m hauptsächlich hell-bräunlichgrau, graulila und dunkelbraun getönte dickbankige Fein- bis Mittelsandsteine. Der Sandstein ist lagenweise grob sowie feldspat- und kaolinführend. Er besitzt Kornbindung oder wenig kalkiges Bindemittel und ist stärker absandend. Wellenrippeln und Schrägschichtung sind vorhanden.

Unterer Buntsandstein

Der Untere Buntsandstein läßt eine gravierende Zweiteilung in eine Obere und eine Untere Folge erkennen. Bemerkenswert ist vor allem die Konstanz in der Gesteinsausbildung und Mächtigkeit. Letztere beträgt ca. 300 m. Eine lithostratigraphische Feingliederung ist auf Grund der erwähnten Vorzüge relativ gut möglich. Es besteht eine weitgehende Ähnlichkeit mit den in jüngster Zeit von H. Boigk (1959) und insbesondere W. Philipp (1960) veröffentlichten Darstellungen.

Auch die durch W. Jung (1958) im südlichen Harzvorland aufgestellte Gliederung in die Zonen su_1—su_5 ist, wenn auch faziell verändert, auf der Scholle von Calvörde wiederzuerkennen.

Die Obere Folge ist etwa 110 m mächtig und durch einen Wechsel bunter toniger Schluffsteine (Schiefertone) mit dünnen Kalkfeinsandsteinlagen charakterisiert. Häufig schieben sich Rogensteinbänkchen in der Größenordnung von einigen Zentimetern bis Dezimetern, selten bis zu wenigen Metern ein. Auch finden sich häufig Anhydrit- bzw. Gipsporphyroblasten und -knollen sowie durch Anhydrit bzw. Gips verheilte Klüfte. Fossilien der Gattung *Isaura* sind, über die gesamte Ablagerung verteilt, häufig nachweisbar.

Die obere Hälfte des Profils läßt sich mit der oberen Schiefertonzone (su_5), die untere Hälfte mit der Rogensteinzone (su_4) W. Jungs (1958) parallelisieren.

Die Abgrenzung gegen den hangenden Mittleren Buntsandstein wird unterhalb der ersten kräftigen gröberen Sandsteinschüttung vorgenommen. Unmittelbar oder höchstens wenige Meter darunter schließt sich eine 4—7 m umfassende Partie an, in der mehrere stärkere Rogensteinbänke vorhanden sind.

Wie im Gebiet zwischen den Salzstöcken Dannefeld und Zobbenitz nachgewiesen werden konnte, folgt im westlichen Areal des Untersuchungsgebietes von rd. 50 bis 26 m über der Unterkante der Oberen Folge ein zweiter Abschnitt, der offenbar der oberen oolithischen Zone bei H. Boigk (1959) entspricht und in dem bis zu einigen Dezimetern starke Rogensteinmittel konzentriert sind. Dieser Oolithhorizont wird im Liegenden eingeleitet durch eine bis zu 4 m mächtige, kompakte Kalkrogensteinbank, in der sich bis nahezu 1 cm große Ooide beobachten lassen. Östlich des Salzstockes Colbitz hingegen finden sich als entsprechende Bildungen nur noch einige geringmächtige Rogensteinbänke.

Nach J. Wolburg (1961, S. 25 und Tafel 10) soll die letztgenannte Rogensteinzone eine fazielle Vertretung des Volpriehausen-Sandsteins im Bereich der Harzschwelle verkörpern und wäre somit bereits zum Mittleren Buntsandstein zu stellen. Ohne eine endgültige Entscheidung zu treffen, wird hier allerdings der neuen Auffassung nicht gefolgt.

An der Basis der Oberen Folge befindet sich eine im gesamten Untersuchungsgebiet verbreitete, über 4 m starke, wenn auch nicht geschlossene Kalkrogensteinzone. In dieser ist die hangende der größeren kompakten Bänke etwa 0,8 m und die liegende kompakte Bank etwa 1,3 m stark. Auffallend ist auch hier die Größe der Ooide bis maximal 5 mm Durchmesser.

Die Untere Folge einschließlich des Bröckelschiefers beläuft sich auf rd. 190 m. Sie umfaßt die Zonen su_3—su_1 W. Jungs (1958) und besteht aus ziemlich einförmigen dunkelbraunen, mehr oder weniger tonigen Schluffsteinen. Diese sind entweder überwiegend massig ausgebildet oder in bestimmten Partien durch sehr dünne feinsandig-schluffige, teilweise auch anhydritische Lagen deutlich oder undeutlich geschichtet. Oftmals sind außerdem Rogensteinbänkchen von einigen Zentimetern bis zu wenigen Dezimetern Stärke dazwischengebettet. Sulfatische Einlagerungen, wie sie bereits in der Oberen Serie beschrieben wurden, lassen sich zumindest in gleicher Menge in der Unteren Serie beobachten. Ganz vereinzelt sind sogar Fasersteinsalzlagen anzutreffen. In einem Bereich, der etwa 100—115 m oberhalb der Zechsteingrenze einsetzt, befindet sich eine größere Anzahl dickerer Rogensteinbänke. Es liegt nahe, sie als korrelate Bildungen zu der bei H. Boigk (1959) dargestellten „Unteren oolithischen Zone“ aufzufassen. Etwa von 28—48 m über der Buntsandsteinbasis ist ein stets vorhandener Abschnitt mit mehreren dunkelgrauen Schluffsteinmitteln erbohrt worden. Zugleich treten von da an nach oben die ersten Rogensteinlagen und nur wenig tiefer erstmalig ein gewisser Kalziumkarbonatgehalt auf, der mit streckenweise kurzen Unterbrechungen im gesamten darüberliegenden Profilausschnitt des Unteren Buntsandsteins feststellbar ist. Etwa 10 m (im Ostteil) bis 20 m (im Westteil) über der Unterkante setzt eine relativ ausgeprägte Feinschichtung der Schluffsteine durch geringmächtige Feinsandsteinlagen ein. Dieser deutlich geschichtete Gesteinsverband umfaßt im östlichen Arbeitsgebiet ca. 40 m, im westlichen ca. 25 m. Knapp 10 m darüber stößt man in einem auf wenige Meter begrenzten Abschnitt fast ausnahmslos auf zahlreiche Exemplare der Gattungen *Isaura* und *Paläolimnadia* (?), die im gesamten Profil der Unteren Folge bisher noch nicht an anderer Stelle gefunden wurden. Der fossilführenden Schicht kommt allem Anschein nach ein, wenn vielleicht auch regional beschränkter Leitcharakter zu.

Der soeben hervorgehobene feinschichtige Komplex bildet offensichtlich das vom Liefergebiet weiter entfernte Äquivalent zur Sandstein-Schieferton-Zone (su_2) des südlichen Harzvorlandes. Allerdings sind (im Ostteil etwas stärker ausgeprägt als im Westteil) auch in der hangendwärts bis zur Rogensteinzone anschließenden Unteren Schiefertonzone (su_3) durch Feinsandstein geschichtete Partien vorhanden, die die Abgrenzung su_2 gegen su_3 erschweren. Speziell im östlichen Revier der Scholle von Calvörde könnte diese Grenze demzufolge ebensogut rund 40 m höher angenommen werden, was jedoch ausschließlich faziell bedingt ist.

Die liegendsten 10—20 m des Unteren Buntsandsteins entsprechen in ihrem Habitus dem Bröckelschiefer (su_1). Die dunkelbraunen Schluffsteine sind praktisch kalkfrei, sulfatführend und hauptsächlich massig entwickelt. Die Grenze gegen den Zechstein wird über der hangendsten bis zu 0,3 m starken kompakten Sulfatbank des „Zechsteins 5“ angenommen.

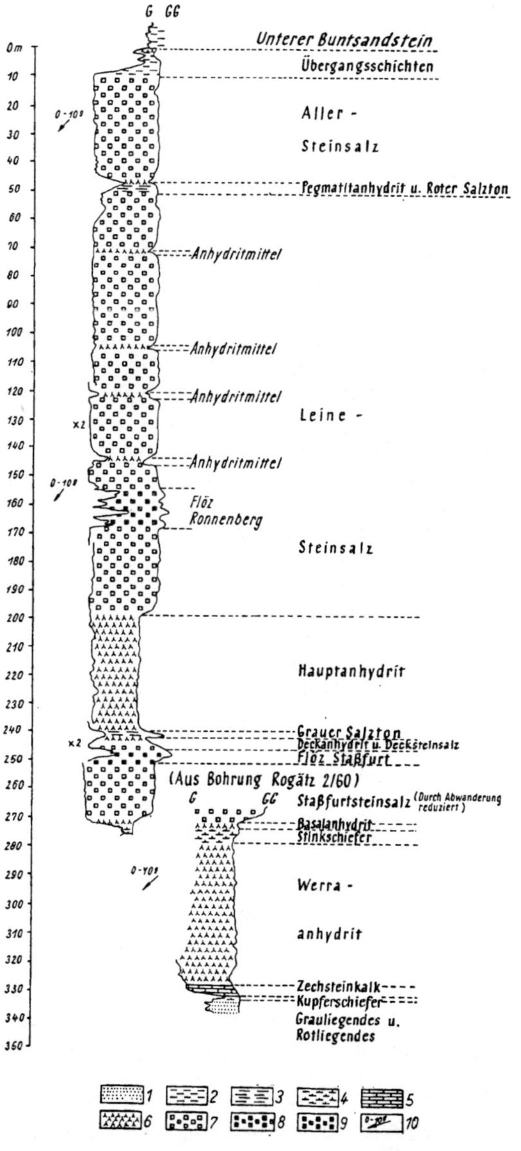

Abb. 9. Bohrlochmeßkurven und vereinfachte Lithologie des Zechsteins (aus Bohrung Letzlingen 10/62)

1 — Sandstein, 2 — Schluffstein, 3 — Tonstein, 4 — Mergelstein, — 5 Kalkstein, 6 — Anhydrit, 7 — Steinsalz, 8 — Sylvinit, 9 — Carnallitit, 10 — Einfallen am Kern, G — Gammakurve (nach links abnehmende Intensität), GG — Gamma-Gamma-Kurve (nach links abnehmende Intensität)

Perm

Zechstein (Abb. 9)

Die lithologischen und stratigraphischen Verhältnisse des Zechsteins wurden bereits von W. REICHENBACH (1963) veröffentlicht. Es kann daher eine nähere Beschreibung des Salinars entfallen. Sieht man von Mächtigkeitsunterschieden ab, so entsprechen im Zechstein die Werra-, Staßfurt- und Aller-Serie im großen und ganzen einem „Staßfurter Normalprofil“, wie es aus Untertageaufschlüssen des Oberen Allertals und bei Schönebeck bekannt geworden ist. Demgegenüber ist auf der Scholle von Calvörde lediglich die Entwicklung einer Übergangsserie mit einem geringmächtigen Steinsalzhorizont zwischen dem Allersteinsalz und dem Bröckelschiefer bemerkenswert. Die Leine-Serie unterscheidet sich etwas vom „Staßfurter Profil“ und weist vor allem wegen der Ausbildung eines jüngeren Kalisalzlagers zugleich Beziehungen zum Hannoverschen Lagerstättenbezirk auf.

Rotliegendes

Bei den Rotliegendgesteinen der bisher ausgewerteten Tiefenaufschlüsse handelt es sich um ca. 38 m Äquivalente der Eislebener Schichten (nach A. SCHREIBER 1960 Sandsteinschiefer und eventuell feinkörnige Sandsteinfolge). Sie setzen sich hauptsächlich aus dunkel- bis rotbraunen, schwach karbonatischen Schluffsteinen zusammen. Untergeordnet treten gleichfarbige kalkige Fein- bis Mittelsandsteine auf. Die Schluffsteine werden von unscharf begrenzten Feinsandsteineinlagerungen durchzogen, die stellenweise eine Feinschichtung hervorrufen oder mit den Schluffsteinen eine Wechsellagerung bilden. Selten kommen knotenartige oder augenförmige Anhydriteinlagerungen vor. Etwa die oberen 3—4 m unter dem Kupferschiefer sind infolge Bleichung grau gefärbt (Grauliegendes).

Zusammenfassung

Als Ergebnis einer Spezialkartierung des bisher nahezu unbekannten tieferen Untergrundes der Scholle von Calvörde werden die tektonischen Verhältnisse und ihr chronologischer Ablauf im Untersuchungsgebiet dargestellt. Der geologische Bau des prätertiären Stockwerks findet seinen Niederschlag in einer Karte ohne känozoische Bildungen, die sich über mehr als 1500 km² erstreckt. Die erzielten Aufschlüsse umfassen insgesamt eine ca. 4000 m mächtige Gesteinsfolge vom Quartär bis zum Perm. Ihre Untergliederung erfolgt anhand lithologischer und paläontologischer Kriterien sowie mit Hilfe geophysikalischer Bohrlochmessungen. Die feinstratigraphische Charakteristik bildet die Basis für vergleichende Betrachtungen der Mächtigkeiten und der Lithofazies.

Резюме

На основании спициальной съемки до сих пор почти неизвестных более глубоких пород блока Кальвёрде излагаются тектонические условия и их хронологическое развитие в области изучения. Геологическое строение дотретичного яруса находит свое отражение в карте без кайнозойских образований, охватывающей более 1500 км². Пройденные скважины объединяют в целом толщу пород мощностью около 4000 м от четвертичных до пермских отложений. Их подразделение производится на основании литологических и палеонтологических критериев, а также при помощи геофизического каротажа. Детальная стратиграфическая характеристика является основанием для сравнительных рассмотрений мощностй и литологических фаций.

Summary

As a result of a special mapping of the hitherto almost unknown deeper subsoil of the block of Calvörde, a description is given of the tectonic conditions and their chronology in the area investigated. The geological structure of the pre-Tertiary stockwork is expressed in a map covering more than 1,500 km² without Cainozoic formations. The exposures achieved cover a series of rocks from the Quaternary to the Permian with a total thickness of about 4,000 metres. Lithological and palaeontological criteria as well as geophysical borehole measurements enable a further subdivision. The fine-stratigraphic characteristic is the basis for comparative considerations of thicknesses and lithofacies.

Literatur

BECK, H.: Der Flechtinger Höhenzug, sein varistischer und saxonischer Bauplan. — Inaug.-Diss.-Schriften Geol. Paläont. Inst. Kiel, 4, 1—67, Kiel 1935.
BOIGK, H.: Zur Gliederung und Fazies des Buntsandsteins zwischen Harz und Emsland. — Geol. Jahrb., 76, 597—636, Hannover 1959.
BRINCKMEIER, G.: Eine Schollenenteilung des nordwestdeutschen Raumes. — Erdöl und Kohle, 12, H. 5, 133—141, Hamburg 1957.
HERGERDT, M.: Abschlußbericht über Drehwaagemessungen und Gravimetermessungen im Gebiet Nördliches Vorland des Flechtinger Höhenzuges. — Unveröff. Bericht des VEB Geophysik, Leipzig 1959.
HERRMANN, A.: Der Mittlere Buntsandstein im nordwestlichen Eichsfeld und im Ahlshausener Buntsandsteinsattel bei Salzderhelden. — Geol. Jb., 78, 347—386, Hannover 1961.
HERRMANN, A., & E. HOFRICHTER: Zur Fazies der Solling-Folge (Mittlerer Buntsandstein) in der nördlichen Hessischen Senke. — Geol. Jb., 79, 551—563, Hannover 1962.
HESEMANN, J.: Diluvialstratigraphische Geschiebeuntersuchungen zwischen Elbe und Rhein. — Abh. Naturwiss. Ver. Bremen, 31, H. 2, 247—285, Bremen 1939.
HEYNIG, R., & E. BEIN: Ergebnisbericht gravimetrischer Erkundung (Drehwaagemessung) Burg—Lindau. — Unveröff. Bericht des VEB Geophysik, Leipzig 1963.
HEYNIG, R., E. BEIN & M. HERGERDT: Ergebnisbericht über Drehwaagemessungen an den Abbrüchen von Gardelegen und Haldensleben. — Unveröff. Bericht des VEB Geophysik, Leipzig 1962.
HINSCH, W.: Gliederung und Paläogeographie des Alttertiärs und Nachweis des Latdorfs im Gifhorner Trog. — Erdöl und Kohle, 16, H. 2, 87—92, Hamburg 1963.
JUBITZ, K. B.: Die Trias Ostthüringens als Rohstoffbasis. — Jahrestagung geol. Ges. in der DDR, Exkursionsführer Thüringer Becken, Berlin 1959.
JUNG, W.: Gliederung des Unteren Buntsandsteins im südöstlichen Harzvorland. — Geologie, 7, H. 8, 1018—1031, Berlin 1958.
KRUTZSCH, W.: Sporen- und Pollengruppen aus der Oberkreide und dem Tertiär Mitteleuropas und ihre stratigraphische Verteilung. — Z. angew. Geol. 3, H. 11/12, 509—548, Berlin 1957.
— Beitrag zur Sporenpaläontologie der präoberoligozänen kontinentalen und marinen Tertiärablagerungen Brandenburgs. — Ber. deutsch. geol. Ges., 5, H. 4, 290—343, Berlin 1960.
PHILIPP, W.: Zechstein und Buntsandstein in Tiefbohrungen zwischen Harz und Lüneburger Heide. — Geol. Jb., 77, 711—740, Hannover 1960.
REICHENBACH, W.: Zechstein der Scholle von Calvörde. — Exkursionsführer zur 10. Jahrestagung d. geol. Ges. in der DDR, Berlin 1963.
SCHMIERER, T.: Erläuterungen zur Geologischen Karte von Preußen, Lieferg. 185, Blatt Helmstedt, Berlin 1914.
SCHMIDT, D.: Ergebnis-Bericht über reflexionsseismische Messungen im Gebiet Nettgau. — Unveröff. Bericht des VEB Geophysik, Leipzig 1961.
SCHOTT, W.: Die Gliederung im nordwestdeutschen Rätbecken. — Ber. Reichsamt Bodenforsch., Jg. 1942, H. 1/3, 61—77, Wien 1942.
SCHREIBER, A.: Das Rotliegende des Flechtinger Höhenzuges. — Freib. Forsch. H., C 82, 1—132, Berlin 1960.
STEINER, W.: Zum Bau der Zichtauer Endmoräne nordwestlich Gardelegen (Altmark). — Geologie, 11, H. 7, 839—844, Berlin 1962.
TRUSHEIM, F.: Zur Gliederung des Buntsandsteins. — Erdöl-Z., 79, H. 7, 277—292, Wien—Hamburg 1963.
WAMBACH, P.: Abschlußbericht über die Ergebnisse der Stützbohrung Altmark 102/61. — Unveröff. Bericht des VEB Erdöl- und Erdgas-Kombinat, Stendal/Borstel 1962 [1962a].
— Abschlußbericht über die Strukturbohrungen Mahlpfuhl 102 und 102 h/61. — Unveröff. Bericht des VEB Erdöl- und Erdgas-Kombinat, Stendal/Borstel 1962 [1962b].
WIEGERS, F.: Diluviale Flußschotter aus der Gegend von Neuhaldensleben, z. T. als Fundstätte paläolithischer Werkzeuge. — Z. dtsch. geol. Ges., 57, 2—10, 1905.
— Über die Gliederung und das Alter des Magdeburger Diluviums und die Zahl der Eiszeiten in Norddeutschland. — Jahrb. preuß. geol. Landesanst., 50, T. 1, Berlin 1929.
WIENHOLZ, R.: Das Keuperprofil an der Struktur Marnitz. — Z. angew. Geol., 6, H. 9, 434—435, Berlin 1960.
WOLBURG, J.: Sedimentationszyklen und Stratigraphie des Buntsandsteins in Nordwestdeutschland. — Geotekt. Forsch., 14, Stuttgart 1961.
Geologischer Teil des Jahresabschlußberichtes 1962 des VEB Erdöl- und Erdgaserkundung Stendal/Borstel. — Unveröff. Bericht des VEB Erdöl und Erdgas Stendal/Borstel 1963.

N. W. PETROWSKAJA & L. N. GRIMENKO, UdSSR

Die Untersuchung der Isotopenzusammensetzung von Elementen im Zusammenhang mit der Lagerstättengenese[1)]

Referiert von WOLFGANG BEYER, Schneeberg

In der vorliegenden Arbeit werden die Isotopenzusammensetzungen von Sauerstoff, Schwefel, Kohlenstoff, Silizium und anderer leichter Elemente und ihre Bedeutung für die Lagerstättengenese erörtert. Auch die Besonderheiten der Pb-Isotope und anderer schwerer Elemente werden kurz gestreift. Die Verf. haben anhand einer umfangreichen Literatur (rund 100 Literaturnachweise) die großen Möglichkeiten der Isotopenuntersuchung bei der Erz- und Lagerstättengenese dargestellt.

Es gibt eine Gruppe von Elementen, die sich dadurch auszeichnet, daß sich ihre Isotope unter dem Einfluß verschiedener Faktoren ändern. Zu derartigen Faktoren gehören der Isotopenaustausch bei mobilen Gleichgewichtsprozessen, chemische Reaktionen bei gerichteten Prozessen, Absorption und Kationenaustausch, Gas- und Flüssigkeitsdiffusion durch poröse Gesteine, Stoffdifferentiationen bei der Gesteinsmetamorphose, biogene Prozesse u. a. Die Isotopenverschiebungen der leichten Elemente äußern sich hauptsächlich in den physikalisch-chemischen Bedingungen der Mineralbildung. Die O-Isotope reagieren z. B. äußerst fein auf Temperaturänderungen, Schwefel auf Redoxprozesse usw. Die Pb-Isotope werden nicht besonders durch physikalisch-chemische Prozesse beeinflußt, jedoch von der Zeit.

Bei Berücksichtigung derartiger charakteristischer Merkmale kann die Isotopenuntersuchung auf verschiedene Probleme der Erzbildung spezialisiert werden. Die Verf. greifen folgende Fragenkomplexe heraus, bei deren Lösung die Isotopenuntersuchung eine wesentliche Rolle spielt:

1. Das Problem der magmatischen oder sedimentären Entstehung von Lagerstätten ungeklärter Genese. Als Kriterium für die Bestimmung hydrothermaler oder sedimentärer Genese kann das Isotopenverhältnis der leichten Elemente verwendet werden, deren Fraktionierung im endogenen und exogenen Zyklus unterschiedlich ist. Besonders günstig dafür erscheint Schwefel, da der Isotopenbestand bei den geologischen Prozessen unwesentlich beeinflußt wird. Jedoch kann im sedimentären Bereich leicht eine biogene Isotopentrennung durch die Lebenstätigkeit anaerober Bakterien hervorgerufen werden, so daß sich das Isotopenverhältnis von hydrothermalem und sedimentärem Schwefel unterscheidet.

Auch der Vergleich der Pb-Isotope von Erzen und Gesteinen ist außerordentlich wichtig, da mit ihrer Hilfe eine Trennung in zugeführtes oder aus dem Nebengestein mobilisiertes Material erfolgen kann. Beispiele für diese Fälle werden von den Verf. gezeigt.

2. Die Metasomatose und Auslaugung des Nebengesteins bei der Erzbildung. Diese Frage hängt mit der ersten zusammen. Teilweise wird eine für endogene Erze anomale S-Isotopenzusammensetzung mit erhöhter Bedeutung der leichten Isotope als Hinweis für die Verschmutzung der Erzlösungen durch das Nebengestein gelten können. Ein weiteres Untersuchungsfeld ergibt auch der Vergleich der Pb-, C- und O-Isotope in den erzbildenden Mineralien und den Nebengesteinen.

[1)] Aus: „Geologija rudnich mestoroshdenij", Nr. 2, S. 3—31, 1962

3. Die Quellen der erzführenden Lösungen und der Zusammenhang der Vererzung mit magmatischen Körpern. Für diese komplizierte Frage der Erzgenese eignen sich die Isotopenuntersuchungen sehr gut. Der Vergleich der Pb-Isotope in Gesteinen und Erzen ergibt neue Merkmale für die genetischen Beziehungen von Vererzungen und Magmatismus bestimmter Erzgebiete. Die Isotopenuntersuchung von Schwefel kann in einer Reihe von Fällen auf die Frage antworten, ob eine oder mehrere Quellen der erzhaltigen Lösungen vorliegen. Die Isotopenuntersuchung kann auch die Voraussetzungen einer Trennung der erzführenden Lösungen auf verschiedene magmatische Herdbereiche begründen.

Interessant ist die O- und C-Isotopenuntersuchung in Gas-Flüssigkeitseinschlüssen der Mineralien, aber auch der rezenten Hydrothermen, kohlensauren Quellen, Fumarolen und Gase der vulkanischen Tätigkeit. Derartige Untersuchungen wurden in der Sowjetunion bereits im Fernen Osten, in Kamtschatka, in Transbaikalien und im Kaukasus durchgeführt.

4. Die vergleichende Charakteristik der Formationen und Typen von Erzlagerstätten. Hierbei erscheint die Isotopenuntersuchung mehrerer Elemente notwendig, die ein Urteil sowohl über die physikalisch-chemischen Bedingungen als auch über die Zeit der Erzablagerung geben können. Jedoch auch Untersuchungen eines dieser Elemente kann schon gewisse Merkmale von Lagerstätten klären helfen. Dabei sollten nicht nur die absoluten Größenverhältnisse der untersuchten Isotope, sondern auch ihre Beständigkeit und ihr Schwankungsbereich als charakteristisches Merkmal eines betreffenden Vererzungstyps berücksichtigt werden. Bei der Durchführung größerer Mengen von Isotopenbestimmungen muß unbedingt die mathematische Statistik zu Hilfe genommen werden.

5. Die Stadien der erzbildenden Prozesse. Durchgeführte Versuche zeigten die Möglichkeit einer Verwendung von Isotopenverhältnissen einiger Elemente (S, C, Pb) bei der Gliederung verschiedenaltriger Mineralparagenesen. Am zuverlässigsten sind dabei die Isotopenverhältnisse, die keiner lokalen Neuverteilung unter Druck- und Temperatureinfluß unterlagen. Diesen Forderungen entsprechen weitgehend der Schwefel und das Blei. Merkliche Unterschiede der Isotopenzusammensetzung werden nur bei längeren Pausen zwischen der Erzablagerung auftreten.

6. Die Klärung der physikalisch-chemischen Bedingungen der Mineralbildung. Um die Temperaturbedingungen der Erzbildung zu klären, können die O-Isotopenanalyse, in geringerem Maße Kohlenstoff und in einzelnen Fällen Schwefel verwendet werden. Auch bei der Untersuchung von Redoxreaktionen ist die Isotopenanalyse brauchbar.

7. Die Rolle der Metamorphose bei der Bildung und der nachfolgenden Umbildung der Erze. Die Isotopenuntersuchung spielt bei der Metallmobilisierung durch Metamorphose und Granitisierung eine wichtige Rolle. In Abhängigkeit vom Metamorphosegrad muß die räumliche Verbreitung eines Elementes mit verschiedenen Isotopenverhältnissen untersucht werden. Die Isotopenzonalität wird bei der Suche der Quellen metamorphosierender Agenzien, der Verteilung der erzdurchlässigen Kanäle usw. in der Zukunft noch eine wesentliche Rolle spielen.

Diese von den Verf. aufgeführten Punkte sind nur die wichtigsten Verwendungsmöglichkeiten der Isotopenanalyse. Sie erschöpfen bei weitem nicht alle Möglichkeiten der Isotopenuntersuchung.

Zur Beurteilung der Probenahmeabstände und des Schemas der Mittelwertbildung

Untersuchungen im VEB Bergbau- und Hüttenkombinat „Albert Funk“, Freiberg (BA Halsbrücke)[1]

HANNES THIERGÄRTNER, Freiberg (Sa.)

[Mitteilung Nr. 175 aus dem Institut für Mineralogie und Lagerstättenlehre an der Bergakademie Freiberg (Sa.)]

1. Einleitung

Die Vorratsberechnung mineralischer Rohstoffe dient dazu, die beim Abbau zu erwartenden Rohstoffmengen bereits vor dem Abbau möglichst genau zu schätzen, um die weiteren bergmännischen Arbeiten planen zu können. Diese Schätzung erfolgt so, daß man mit Hilfe von Bemusterungsdaten rechnerisch einen Wert ermittelt, von dem man erwartet, daß er dem tatsächlich vorhandenen Wert (der wahren Vorratsmenge) sehr nahekommt. Allerdings darf nicht versucht werden, durch eine günstigere Rechenmethode eine Angleichung der berechneten und der nach dem Abbau festgestellten Vorräte herbeizuführen. Dadurch können Fehler- und Verlustquellen verschleiert, nicht aber beseitigt werden.

Nach Möglichkeit sollen die Aufwendungen an Material und Arbeitszeit für die Bemusterung und die Vorratsberechnung verringert werden. Durch die Wahl geeigneter Methoden lassen sich hier manchmal Einsparungen erzielen, ohne daß die geforderte minimale Genauigkeit bei der Ermittlung der Vorratsziffern sinkt. Um dieses Ziel zu erreichen, ist es erforderlich, die Möglichkeiten und Grenzen der Anwendung mathematisch-statistischer Methoden in der Vorratsberechnung zu untersuchen. Einen Beitrag hierzu soll die Untersuchung der Probenahmeabstände und des Schemas der Mittelwertbildung liefern, die an Bemusterungsdaten durchgeführt wurde, die im August 1960 in der Betriebsabteilung Halsbrücke des VEB Bergbau- und Hüttenkombinat „Albert Funk“, Freiberg, vorlagen.[2]

[1]) Eingang des Manuskripts in der Redaktion: 14. 3. 1964
[2]) Mein besonderer Dank für das Gelingen der Arbeit gilt meinem verehrten Lehrer, Herrn Prof. Dr.-Ing. habil. O. OELSNER †, der mich zu dieser Untersuchung anregte; dem Direktor des Instituts für Mineralogie und Lagerstättenlehre an der Bergakademie Freiberg, Herrn Prof. Dr. rer. nat. habil. H. J. RÖSLER, der die Veröffentlichung der Arbeit gestattete, sowie dem Hauptgeologen des VEB Bergbau- und Hüttenkombinat „Albert Funk“, Freiberg, Herrn Dr. rer. nat. L. BAUMANN, der mir die notwendigen Unterlagen und Hilfsmittel zur Verfügung stellte.

2. Definitionen

Im Bemusterungsschema der BA Halsbrücke stellt ein Abbaublock jeweils eine Grundgesamtheit für ein Merkmal (Mächtigkeits- und Gehaltswerte) dar. Eine solche Grundgesamtheit ist unendlich groß, weil sich aus dem Material des Blocks oder seiner randlichen Umfahrungen unendlich viele, voneinander unabhängige Einzelwerte gewinnen lassen. Ordnet man diese Einzelwerte oder einen repräsentativen Teil davon nach ihrer Größe und der Häufigkeit des Auftretens jeder Größe, so erhält man die Häufigkeitsverteilung.

Eine Stichprobe umfaßt im Bemusterungsschema alle von einem Block gewonnenen Daten des gleichen Merkmals, wobei die Anzahl dieser Daten als Stichprobenumfang bezeichnet wird. Stichproben sollten so entnommen werden, daß jedes Element (Einzelwert) wählbar sein und auch die gleiche Chance, gewählt zu werden, haben muß. Dadurch, daß die Daten nur vom Rand des Abbaublocks gewonnen werden können, sind diese

Voraussetzungen bei der Bemusterung nicht gegeben. Durch die unerläßliche Übertragung der vom Rand des Blocks erhaltenen Einzelwerte und der daraus berechneten Parameter auf den ganzen Block entsteht der unvermeidbare Fehler der Analogie.

Aus den tatsächlich existierenden Einzelwerten der Stichprobe (Meß-, Analysen- und andere Fehler sollen hier nicht betrachtet werden) wird ein Mittelwert berechnet, der alle Einzelwerte repräsentieren soll. Dieser Stichprobenmittelwert $\bar{x}$ dient zur Schätzung des theoretisch existierenden, aber unbekannten Mittelwerts μ der Grundgesamtheit. Die Differenz zwischen beiden soll möglichst gering sein. In der Vorratsberechnung werden verschiedene Mittelwerte empfohlen, die sich wertmäßig und in ihren Eigenschaften voneinander unterscheiden und durch unterschiedliche Rechenoperationen gewonnen werden (arithmetisches Mittel, gewogenes Mittel, Zentralwert, Merkmalswert größter Häufung, theoretischer Durchschnitt nach de Wijs 1951, 1953 u. a.). Jeder Mittelwert kennzeichnet in ganz bestimmter Art und Weise die zugehörige Grundgesamtheit. Wenn diese trotzdem nur durch einen einzigen Mittelwert charakterisiert werden soll, so soll nach Fisher „allgemein aus verschiedenartigen Mittelwerten derjenige ausgewählt werden, dessen Verteilung aus einer Reihe gleich großer Stichproben die kleinste Streuung aufweist, der mit wachsendem Umfang der Stichprobe gegen den entsprechenden Mittelwert in der Grundgesamtheit strebt und der den besten Aufschluß über die Stichprobe vermittelt" (aus Weber 1964).

Die Einzelwerte, aus denen ein Mittelwert berechnet wurde, streuen um diesen, wobei die Streuung das Maß für die Veränderlichkeit (Variation, Variabilität) ist. Die berechnete Streuung s dient zur Schätzung der unbekannten Streuung σ der Einzelwerte in der Grundgesamtheit. Auch die berechneten Mittelwerte streuen um den theoretischen Mittelwert. Den Wert dieser Streuung, $s_{\bar{x}}$, darf man nach Weber 1964 auch als absoluten Fehler des Mittelwerts $\bar{x}$ gegenüber dem theoretischen Mittelwert μ bezeichnen, wenn man unter Fehler eine mehr oder weniger genaue Schätzung des letzten durch den ersten versteht.

Allgemein bezieht man die Streuung auf die dazugehörigen Mittelwerte und nennt die erhaltenen Größen $\frac{s}{\bar{x}}$ bzw. $\frac{s_{\bar{x}}}{\bar{x}}$ die Variations- oder Variabilitätskoeffizienten der Einzelwerte (v) bzw. der Mittelwerte ($v_{\bar{x}}$). Nach Weber 1964 stellt der letzte dann den relativen „Fehler" der Schätzung des theoretischen Mittelwerts durch den berechneten dar.

Die Abweichungen der rechnerisch ermittelten Mittelwerte vom theoretischen können so beurteilt werden, daß sie zufälliger Natur oder statistisch gesichert sind. Deshalb ist es notwendig festzulegen, in welchen Schwankungsbereich (Vertrauensintervall) um den theoretischen Mittelwert ein gewisser Mindestanteil (Sicherheitswahrscheinlichkeit S oder $100 \cdot S$ [%]) von berechneten Mittelwerten fallen soll, damit man sie alle (also auch den Restanteil, der nicht in das Vertrauensintervall fällt) als zufällig beurteilen kann. Die Überschreitungs- oder Irrtumswahrscheinlichkeit $I \cdot 100 = (1-S) \cdot 100$ gibt an, in wieviel Prozent aller berechneten Mittelwerte eine Abweichung vom theoretischen als signifikant beurteilt wird, obwohl alle Abweichungen zufälliger Natur sind.

3. Beurteilung der Probenahmeabstände

In der hydrothermalen polymetallischen Ganglagerstätte Freiberg, zu der auch das Grubenfeld Halsbrücke gehört, interessiert zur Abbauplanung der Metallinhalt I in jedem Abbaublock, der nach der Formel

$$I = M \cdot G \cdot F \cdot R \qquad (1)$$

berechnet wird.

Darin bedeuten M — die Gangmächtigkeit, G — den Metallgehalt, F — die Blockfläche und R — das Raumgewicht. Der Wert für F wird den Rißunterlagen planimetrisch entnommen, und der Wert R stellte zum Zeitpunkt der Datenaufnahme in der BA Halsbrücke eine Konstante dar. Für beide entfallen somit die folgenden Untersuchungen. Die wahren Werte der Größen M und G sind natürlich vor dem Abbau unbekannt und müssen durch die Mittelwerte aus Stichproben geschätzt werden. Bei der Ermittlung der Werte M und G können viele Fehler auftreten, die teils vermeidbar, teils unvermeidbar sind. Hier soll nur der Einfluß der Probenahmeabstände auf die Größen von M und G untersucht werden.

Setzen wir voraus, daß der arithmetische Mittelwert für die Blöcke der BA Halsbrücke derjenige sei, der die Forderungen Fishers verwirklicht, so gehen in Formel (1) zwei arithmetische Mittelwerte ein, die beide nach der Formel

$$\bar{x} = \frac{\sum_{i=1}^{N} x_i}{N} \qquad (2)$$

erhalten werden. Da weder in (1) noch in (2) der Probenahmeabstand eingeht, kann er auch keinen Einfluß auf den zu berechnenden Metallinhalt ausüben. Deshalb ist es auch nicht richtig, für ein Bemusterungsschema generell Probenahmeabstände vorzuschreiben, die eine zuverlässige Bemusterung gewährleisten sollen. Vielmehr zeigt die Formel (2) in Verbindung mit (1), daß sich das Problem der optimalen Probenahmeabstände auf ein solches der optimalen Probenanzahl zurückführen läßt.

Abgesehen von den nicht frei veränderlichen Mächtigkeits- und Gehaltswerten, kann nur der Stichprobenumfang N den Mittelwert und damit die zu berechnende Metallmenge beeinflussen. Solange N klein bleibt (für die Bezeichnung „klein" läßt sich bei Stichprobenumfängen keine zahlenmäßige Größe angeben), wird eine Vergrößerung von N im allgemeinen eine nichtproportionale Vergrößerung der Summe $\sum_{i=1}^{N} x_i$ bewirken, wodurch sich der Wert von $\bar{x}$ ändert.

Es ist notwendig, an Hand der Bemusterungsdaten der BA Halsbrücke zu überprüfen, ob der Wert von $\bar{x}$ tatsächlich in bedeutendem Maße von N beeinflußt wird. Dazu wurden die Stichprobenmittel $\bar{x}$ der Merkmale Mächtigkeit, Blei-, Zink-, Schwefel-, Silber- und Kupfergehalt sowohl bei Verwendung von N als auch von $\frac{N}{2}$

Tabelle 1. Anteil der Richtung der Abweichungen der Mittelwerte bei halbiertem Stichprobenumfang (in Prozent)

Merkmal	Mächtigkeit	Gehaltswert				
		Blei	Zink	Schwefel	Silber	Kupfer
n	36	28	13	10	8	8
$\Delta > 0$	58	43	31	40	37	50
$\Delta = 0$	6	0	23	10	13	0
$\Delta < 0$	36	57	46	50	50	50

Proben (letzte Stichprobe durch alternierendes Auslassen je eines Einzelwerts aus der ersten Stichprobe erhalten) berechnet. Die Berechnung erfolgte für jedes Merkmal in jeweils n Grundgesamtheiten, wobei 103 Stichproben mit insgesamt 3204 Einzelwerten ausgewertet wurden. Zur Beurteilung des Einflusses von N interessieren die Abweichungen im Mittelwert für einen Block, die sich bei Verwendung des zweiten Probenumfangs gegenüber dem ersten ergeben und die nach folgender Formel ermittelt wurden:

$$\Delta = \frac{\bar{x}' - \bar{x}''}{\bar{x}'} \cdot 100\,[\%] \quad \text{bzw.}$$

$$|\Delta| = \frac{|\bar{x}' - \bar{x}''|}{\bar{x}'} \cdot 100\,[\%]$$

$$\text{mit } \bar{x}' = \frac{\sum_{i=1}^{N} x_i}{N} \quad \text{und} \quad \bar{x}'' = \frac{\sum_{i=1}^{\frac{1}{2}N} x_i}{\frac{1}{2}N}$$

Tab. 1 (Anteil der Richtung der Abweichungen der Mittelwerte bei halbierter Probenanzahl) zeigt, daß die entstehenden Abweichungen nicht systematischer Natur sind, was ihre Richtung anbelangt; daß sie aber Werte von 0 bis 25% annehmen, belegt Tab. 2 (Anteil der Größe der Abweichungen der Mittelwerte bei halbierter Probenanzahl). Solche Abweichungen sind für die Belange der Vorratsberechnung zu groß, wobei außerdem berücksichtigt werden muß, daß in den Fehler der Formel (1) zwei Abweichungen eingehen. Deshalb muß versucht werden, den optimalen Stichprobenumfang mittels mathematisch-statistischer Methoden zu bestimmen, wobei die Streuung der berechneten Mittelwerte um den theoretischen gewisse Grenzen nicht überschreiten soll.

Bei BINTIG (1961) wird eine Formel zur Berechnung des minimalen Stichprobenumfangs durch Umformung aus der Gleichung $s_{\bar{x}} = \pm \frac{s}{\sqrt{N}}$, mit der auch in nicht normal verteilten Grundgesamtheiten die Streuung $\sigma_{\bar{x}}$ ermittelt werden kann, erhalten. $s_{\bar{x}}$, der „Fehler“ der Schätzung von μ durch $\bar{x}$, soll möglichst klein gehalten werden, was durch eine Vergrößerung von N erreicht wird. Nachdem bei BINTIG (1961) s = 100 = const. gesetzt wurde, ergab sich, daß die Erhöhung von N über eine gewisse Grenze (N = 25 bis N = 40) keine bedeutende Verringerung des „Schätzungsfehlers“ mehr bewirkt. Dieser Grenzwert von N sei die minimal notwendige Anzahl von Proben in der Stichprobe.

Es läßt sich jedoch zeigen, daß man (zumindest in der BA Halsbrücke und ähnlich vererzten Lagerstätten) s nicht als Konstante ansehen darf, solange N klein ist. Im allgemeinen wird die mittlere quadratische Abweichung, Standardstreuung oder Streuung s schlechthin, die für arithmetische Mittel erschöpfend im Sinne FISHERS ist, nach der Formel

$$s = \pm \sqrt{\frac{\sum_{i=1}^{N} (x_i - \bar{x})^2}{N - 1}} \tag{3}$$

berechnet. BINTIG (1961) empfiehlt demgegenüber die Berechnung von s in einer Form, die den örtlichen Abhängigkeiten benachbarter Einzelwerte Rechnung tragen soll:

$$s = \pm \sqrt{\frac{\sum_{i=1}^{N} (x_i - x_{i+1})^2}{N - 1}} \tag{3a}$$

Diese Abhängigkeit ist noch umstritten. Neben BINTIG spricht sich auch KASAKOWSKIJ (1948) für sie aus und erklärt sie durch Wechselwirkungen der metallführenden Lösungen. Andererseits legt RYSHOW (1952) dar, daß man sich vorstellen müsse, jeder Gehaltswert sei durch ein separat existierendes Lösungsteilchen hervorgerufen worden. Auch SENKOW (1957) und STAMMBERGER (1957) weisen auf eine mögliche sprunghafte Veränderung der Gehaltswerte in Ganglagerstätten hin.

Da beide Meinungen ihre Berechtigung haben, scheint es notwendig zu sein, den Charakter der Vererzung daraufhin zu untersuchen. Eine gegenseitige Abhängigkeit der Gehaltswerte benachbarter Probenahmepunkte muß sich darin ausdrücken, daß zwischen ihnen interpoliert werden kann. Die Gehalts- und Mächtigkeitswerte zwischen diesen Punkten müssen, unter Einbeziehung eines gewissen Streuungsbereichs, auf einer Verbindungslinie zwischen den benachbarten Punkten liegen, wenn eine Abhängigkeit besteht. Um dies in der BA Halsbrücke zu untersuchen, wurden die Mächtigkeits- und Gehaltswerte über den laufenden Streckenmetern aufgetragen und jeweils durch Linien miteinander verbunden (Abb. 1). Es zeigt sich, daß die durch zusätzliche Probenahme zwischen den ersten Proben erhaltenen Werte nicht auf diese Linie bzw. in ihren Streuungsbereich fallen. Es besteht also in der BA Halsbrücke — zumindest im Bereich der Probenahmeabstände — keine Abhängigkeit zwischen benachbarten Probenpunkten, und die Formel (3a) zur Berechnung von s läßt sich hier nicht anwenden.

Gleichung (3) zeigt, daß s keine Konstante, sondern eine von N abhängige Größe ist; denn eine Erhöhung von N wird im allgemeinen eine nichtproportionale Erhöhung der Summe $\sum_{i=1}^{N} (x_i - \bar{x})^2$ bewirken. Dadurch wird vor allem bei kleinem N der s-Wert beeinflußt. Die Beeinflussung von s durch N wird um so größer sein, je stärkeren Schwankungen die Einzelwerte x_i unterworfen sind.

Für das Beispiel der BA Halsbrücke soll deshalb überprüft werden, ob die Schwankungen von s tatsächlich so groß sind, daß man nicht s = const. setzen und damit die Formel von BINTIG (1961) zur N-Bestimmung verwenden kann. Dazu wurde s für verschiedene jeweils unabhängig voneinander entnommene Stichproben je-

Tabelle 2. Anteil der Größe der Abweichungen der Mittelwerte bei halbiertem Stichprobenumfang (in Prozent)

Merkmal	Mächtigkeit	Gehaltswert				
		Blei	Zink	Schwefel	Silber	Kupfer
n	36	28	13	10	8	8
$\|\Delta\| = 0$	6	0	23	10	12	0
$0 < \|\Delta\| \leq 10$	83	39	31	40	88	38
$10 < \|\Delta\| \leq 25$	11	54	23	50	0	12
$25 < \|\Delta\| \leq 40$	0	7	15	0	0	50
$40 < \|\Delta\|$	0	0	8	0	0	0

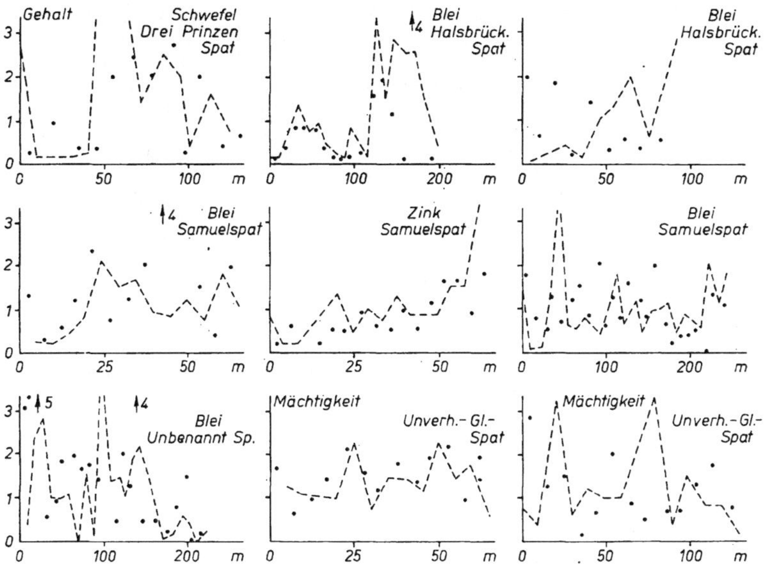

Abb. 1. Gehalts- und Mächtigkeitswerte, über laufenden Streckenmetern (Abszisse) aufgetragen

weils gleichen Umfangs aus der gleichen Grundgesamtheit berechnet. Mittels der F-Verteilung wurde geprüft, ob die beobachteten Unterschiede in s statistisch gesichert waren oder nicht. Die Unterschiede sind dann als gesichert zu betrachten, wenn der zu berechnende Quotient $F = \frac{s_1^2}{s_2^2}$ (mit $s_1^2 > s_2^2$) größer als der F-Wert ist, der für eine vorgegebene Sicherheit und die jeweils den s^2-Werten zugeordneten Freiheitsgrade $n_1 = N_1 - 1$ und $n_2 = N_2 - 1$ aus Tabellen entnommen wird. Als Sicherheitspunkt wurde $P = 0{,}05$ gewählt. Alle Stichproben aus einer Grundgesamtheit wurden auf ein und dieselbe bezogen.

Tab. 3 zeigt das Ergebnis der Untersuchung. Die Abweichungen zwischen den Streuungen nehmen Werte bis zu 54%, bezogen auf die kleinere der beiden verglichenen Streuungen, an, wobei sie (bis auf zwei Ausnahmen, die sich infolge der Irrtumswahrscheinlichkeit von 5% ergeben können) als zufällig beurteilt werden! Setzte man, wie es bei BINTIG (1961) geschehen ist, s = const., so wäre das damit errechnete N mit einer Fehlergrenze von 54% nach oben (und entsprechend von 35% nach unten) behaftet. Die Ermittlung des minimalen Stichprobenumfangs ist also bei stark variierender Vererzung nicht mit der bei BINTIG (1961) angegebenen Formel möglich.

Eine andere Formel zur Festlegung des Stichprobenumfangs in Meßreihen aus unendlich großen Grundgesamtheiten gibt WEBER (1964) an:

$$N \geq \frac{t^2 \cdot s^2}{(\bar{x} - \mu)^2},\; N \geq \frac{t^2 \cdot s^2}{(t \cdot s_{\bar{x}})^2} \text{ oder } N \geq \frac{t^2 \cdot v^2}{(t \cdot v_{\bar{x}})^2} \quad (4)$$

Die Größe t ist ein der Irrtumswahrscheinlichkeit P zugeordneter und aus Tabellen ablesbarer Wert. In nichtnormalen Verteilungen sind die t-Werte für ein bestimmtes P größer als in Normalverteilungen. Mit $\mu \pm (t \cdot s_{\bar{x}})$ oder $\mu \pm (t \cdot v_{\bar{x}})\%$ sind die Grenzen des Vertrauensintervalls angegeben.

Wählen wir in Gleichung (4) einen in der Industrie üblichen Wert für die Irrtumswahrscheinlichkeit, etwa $P = 0{,}05$ (= 5%) (vgl. dazu STAMMBERGER 1959b und BINTIG 1960), so gehört dazu in Normalverteilungen bei $N > 15$ ein Wert $t \approx 2$. Die Größe $t \cdot s_{\bar{x}}$ bzw. $t \cdot v_{\bar{x}}$, die ja als absolute bzw. relative „Fehler"grenze der Schätzung von μ durch $\bar{x}$ zu betrachten ist, sollte die in der Vorratsermittlung gültigen Fehlergrenzen nicht überschreiten und dementsprechend $\pm 10\%$ betragen (s. STAMMBERGER 1959a). Die dritte Größe in Formel (4), die Streuung oder Variation (je nach der verwendeten Variante), hängt schließlich selbst wieder von N ab. Die Schwankungen des Wertes s geben direkt an, um wieviel Prozent die berechnete Stichprobengröße N zu groß oder zu klein sein kann, als daß sie den minimalen Stichprobenumfang darstelle. Um die gleichen Werte, mit denen s schwankt, ist das mit seiner Verwendung berechnete N als minimaler Stichprobenumfang zu klein (oder zu groß). Die durch die streuenden s-Werte hervorgerufenen Streuungen der N-Werte können genauso wie die ersten mit der F-Verteilung auf Zufälligkeit geprüft werden. Daraus ergibt sich, daß N, wenn es mit einem aus $N = 40$ Einzelwerten berechneten s ermittelt wird, noch von 31 bis 52 schwanken kann, ohne daß diese Streuung signifikant wäre! Mithin läßt sich ein genauer minimaler Stichprobenumfang auch mit Hilfe der Formel (4) nicht berechnen, solange N klein ist.

Wenn die von BINTIG (1961) angegebene Formel zur Berechnung des minimalen Stichprobenumfangs mit der von WEBER (1964) verglichen wird, so stellt sich die erste als eine vereinfachte Form der zweiten dar. Abgesehen von dem schon besprochenen Schritt des Konstantsetzens von s,

Tabelle 3. Abweichungen des Quadrates zweier Streuungen aus gleichen Grundgesamtheiten bei gleichem Umfang und Beurteilung für $P = 0{,}05$

Merkmal	N_1	N_2	berechnetes F	Beurteilung
Mächtigkeit	8	8	1,07	zufällig
Bleigehalt	8	8	2,36	zufällig
Mächtigkeit	13	12	1,14	zufällig
,,	13	12	2,16	zufällig
,,	13	12	1,87	zufällig
Bleigehalt	12	13	12,0	signifikant
,,	12	13	1,21	zufällig
,,	12	13	2,08	zufällig
Zinkgehalt	12	13	1,10	zufällig
,,	12	13	1,13	zufällig
,,	12	13	2,24	zufällig
Schwefelgehalt	12	13	4,00	signifikant
,,	12	13	1,77	zufällig
,,	12	13	1,60	zufällig
Mächtigkeit	16	16	1,47	zufällig
Bleigehalt	16	16	1,62	zufällig
Mächtigkeit	16	16	1,59	zufällig
Bleigehalt	16	16	1,21	zufällig
Zinkgehalt	16	16	2,40	zufällig
Schwefelgehalt	16	16	2,23	zufällig
Mächtigkeit	22	22	1,66	zufällig
Bleigehalt	22	22	1,23	zufällig
Mächtigkeit	23	24	1,41	zufällig
Bleigehalt	24	23	1,00	zufällig
Mächtigkeit	24	24	1,04	zufällig
Bleigehalt	24	24	1,17	zufällig

wurde bei BINTIG $t^2 = 1$ gesetzt. Das bedeutet, daß das dazugehörige P – die Irrtumswahrscheinlichkeit – im günstigsten Falle ($N \to \infty$) bis auf 0,32 erhöht worden ist. Von 32% aller Mittelwerte wird also nicht verlangt, daß sie in das Vertrauensintervall fallen. Allerdings wird auf Kosten der Zuverlässigkeit erreicht, daß der zu berechnende minimale Stichprobenumfang dadurch allein auf ein Viertel sinkt.

Die Ergebnisse über die Untersuchungen der Probenanzahl, die zur Erlangung einer minimalen Genauigkeit in der Vorratsberechnung notwendig ist, zeigen, daß der Stichprobenumfang größer als $N = 40$ sein muß, wenn bei dem in der BA Halsbrücke vorliegenden Charakter der Vererzung, einer statistischen Sicherheit von 95% und Maximalfehlergrenzen der in Formel (1) eingehenden Rechengrößen von $\pm 10\%$ der Minimalstichprobenumfang berechnet werden soll. Dieser dürfte demzufolge selbst einen höheren Wert als $N = 40$ haben.

Streuung oder Variationskoeffizient der Einzelwerte sind Größen, die Aufschluß über den Charakter der Vererzung geben und bei der Festlegung des Bemusterungs- und Berechnungsschemas unbedingt berücksichtigt werden müssen (STAMMBERGER 1957; ZVK-Instruktion 1957, Absatz 4.53; KRAJEWSKI 1959; BINTIG 1961). Nur wenn geringe Streuungen vorliegen, die Ganglagerstätte also gleichmäßig vererzt ist, läßt sich die bei WEBER 1964 angegebene Formel zur Berechnung des minimalen Stichprobenumfangs erfolgreich anwenden. Der Probenabstand wird dann ermittelt, indem die zu bemusternde Blocklänge durch die Größe N dividiert wird. Der Bemusterungsabstand wird also bei wechselnder Blockgröße oder -umfahrung verschieden sein. Die aus jeweils n Grundgesamtheiten berechneten (und dann mit n arithmetisch gemittelten) Variationskoeffizienten für die BA Halsbrücke (Tab. 4) zeigen, daß die Gänge sehr ungleichmäßig vererzt sind und die großen v- bzw. s-Werte die N-Berechnung sehr erschweren.

4. Schema der Mittelwertbildung in der BA Halsbrücke

Da sich die verschiedenen Mittelwerte voneinander wertmäßig unterscheiden, ist es wichtig, einen „guten", d. h., mathematisch und geologisch richtigen Mittelwert zu finden, mit dem nach Formel (1) die Metallvorräte berechnet werden können. Die Methode der Maximum-Likelihood-Schätzung gestattet es, den Wert zu schätzen, der einen gesuchten unbekannten Wert (z. B. den Mittelwert der Grundgesamtheit) am besten vertritt. Dazu muß jedoch die Art der Verteilung der Einzelwerte in der Grundgesamtheit bekannt sein.

Um festzustellen, ob die Einzelwerte in der BA Halsbrücke normalverteilt sind (nach der Maximum-Likelihood-Schätzung käme dann das arithmetische Mittel $\bar{x}$ dem theoretischen Mittelwert der Grundgesamtheit am nächsten, und die Streuung σ wird am besten durch die Standardstreuung s geschätzt), wurden Verteilungsdiagramme konstruiert. Es wurden 30 Stichproben aus 30 Grundgesamtheiten für verschiedene Merkmale untersucht, wobei keine Stichprobe weniger als $N = 40$ Einzelwerte umfaßte. Da sich das Bild der gewählten Säulendarstellung durch die Klassenbildung wesentlich beeinflussen läßt, wurden die Klassen so eng wie möglich, andererseits aber auch so weit gewählt, daß unwesentliche Einzelheiten verschwanden und sich im Zentrum der Diagramme keine unbesetzten Klassen mehr befanden. Um die Bilder nicht zu weit auszudehnen, wurden die Mammutgehalte nicht zeichnerisch, sondern durch Angabe ihres Wertes und ihrer Häufigkeit hinter einem „E" im Diagramm verzeichnet. Auf eine Darstellung der absoluten Gehaltswerte konnte verzichtet werden, da die Bilder davon nicht beeinflußt werden.

Tabelle 4. Variationskoeffizienten für die BA Halsbrücke

Merkmal	n	$\bar{v}$ [%]	v_{max} [%]	v_{min} [%]
Mächtigkeit	27	50,3	92,8	32,6
Bleigehalt	25	113,0	188,0	67,0
Zinkgehalt	10	80,7	117,2	62,0
Schwefelgehalt	7	70,4	137,3	37,1
Silbergehalt	5	35,6	50,9	21,7
Kupfergehalt	5	127,8	183,0	63,0

Eine visuelle Auswertung der so erhaltenen Abb. 2 zeigt, daß die Mächtigkeits- und Gehaltswerte in der BA Halsbrücke nicht normal verteilt sind. Für die Gehaltswerte ist eine meist sehr gut ausgeprägte linksseitige Asymmetrie kennzeichnend, wobei vielfach überhaupt kein Anstieg auf der linken Seite zu verzeichnen ist. (Bei kleiner Klassenwahl in diesem Bereich kann man zeigen, daß bei kleinen Gehaltswerten ein sehr steiler, aber doch merklicher Anstieg vorhanden ist.) Im Bereich höherer Gehaltswerte tritt oft ein kleines Nebenmaximum auf. Bei den Mächtigkeitswerten ist die Linksseitigkeit viel weniger stark ausgeprägt, und ein zweiter Gipfel ist hier selten. Es war jedoch im Rahmen dieser Arbeit nicht möglich, die Art der Verteilung näher zu kennzeichnen.

Während DE WIJS (1951, 1953) als Grundlage für seine Untersuchungen eine theoretische binominale Verteilung annimmt, wurde von vielen Autoren ohne eingehende Prüfung der Verteilung das arithmetische Mittel als das richtige betrachtet (u. a. OELSNER 1952; STAMMBERGER 1955, 1956, 1957, 1958; REH 1956; SMIRNOW 1957; GOTTE 1959; SALATA 1960; QUELLMALZ 1963). In den genannten Arbeiten wird auf das Verhältnis des einfachen zum gewogenen arithmetischen Mittel eingegangen. Dies soll im folgenden Ziel der Untersuchungen am Beispiel der BA Halsbrücke sein.

Das gewogene arithmetische Mittel wird nach der Formel

$$\bar{x}_{gew} = \frac{\sum_{i=1}^{N} x_i y_i z_i}{\sum_{i=1}^{N} y_i z_i} \qquad (5)$$

berechnet, in der y_i und z_i zwei dem Einzelwert x_i zugeordnete Größen (z. B. y_i – Probenahmeabstand zwischen x_i und x_{i+1}; z_i – Mächtigkeit des Ganges in dem dem Gehaltswert x_i zugeordneten Probenahmepunkt) bedeuten. Bei der Berechnung des gewogenen Mittels der Mächtigkeit entfällt natürlich eine Größe. Das arithmetische einfache Mittel wird entsprechend Formel (2) ermittelt.

In der BA Halsbrücke läßt sich ein bedeutender zahlenmäßiger Unterschied zwischen den beiden arithmetischen Mittelwerten, die aus gleichen Stichproben und unter Verwendung der gleichen Einzelwerte erhalten wurden, nachweisen. Dies erfolgte für die Merkmale Mächtigkeit, Blei-, Zink-, Schwefel-, Silber- und Kupfergehalte. Zur Beurteilung interessieren die Abweichungen im Mittelwert für einen Block, die sich bei Verwendung des gewogenen Mittels gegenüber dem einfachen ergeben, bezogen auf das letzte. Die Berechnung wurde nach der Formel

$$\delta = \frac{\bar{x} - \bar{x}_{gew}}{\bar{x}} \cdot 100\ [\%] \quad \text{bzw.}$$

$$|\delta| = \frac{|\bar{x} - \bar{x}_{gew}|}{\bar{x}} \cdot 100\ [\%]$$

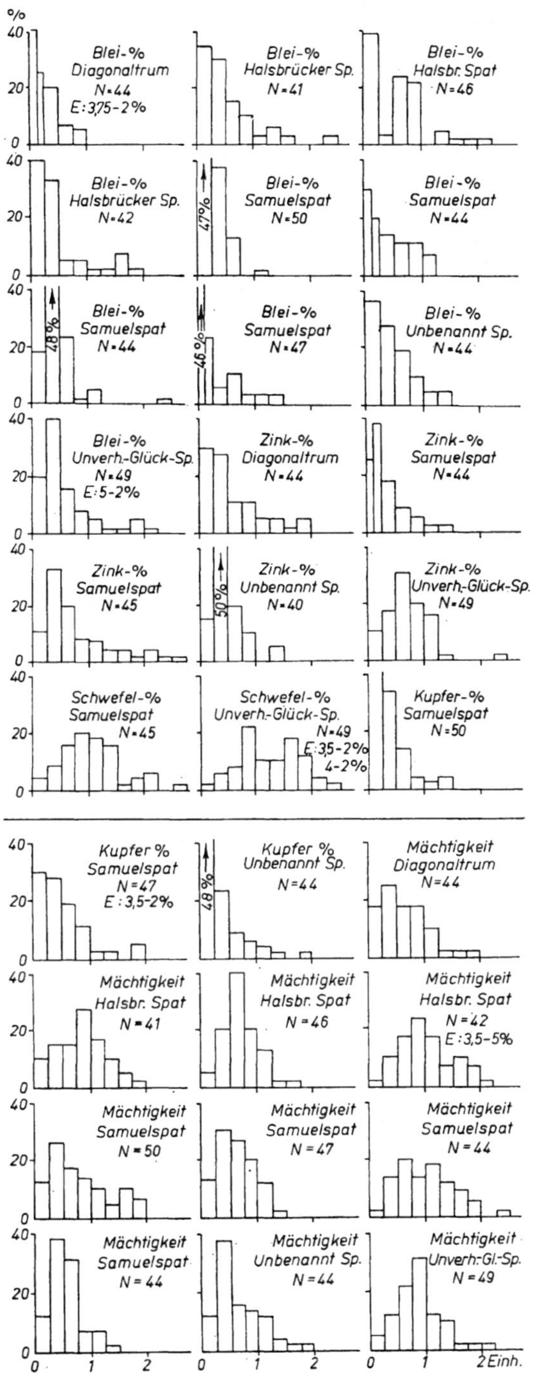

Abb. 2. Häufigkeitsverteilungen in der BA Halsbrücke. Relative Häufigkeits-Ordinate

durchgeführt, wobei insgesamt 193 Stichproben mit zusammen 5237 Einzelwerten ausgewertet wurden.

Während bei der Verwendung des gewogenen Mittels keine ausgeprägte Richtungsabhängigkeit zu bemerken ist (Tab. 5), zeigt Tab. 6 (Anteil der Größe der Abweichungen der Mittelwerte bei Anwendung des gewogenen Mittels), daß zwischen beiden Mittelwerten in den meisten Fällen Abweichungen von > 0 bis 20% bestehen. Lediglich bei den Mächtigkeitsmittelwerten unterscheiden sich das einfache und das gewogene Mittel nicht stark voneinander. Das beruht darauf, daß hier die

Tabelle 5. Anteil der Richtung der Abweichung der Mittelwerte bei gewogenem Mittel (in Prozent)

Merkmal	Mächtigkeit	Gehaltswert				
		Blei	Zink	Schwefel	Silber	Kupfer
n	50	50	38	33	11	11
$\delta > 0$	34	52	34	58	73	46
$\delta = 0$	28	0	16	0	0	9
$\delta < 0$	38	48	50	42	27	46

Größe y_i der Gleichung (5) für eine Stichprobe oft konstant ist und damit vor das Summenzeichen gezogen werden kann. Damit kann es aus der Gleichung gestrichen werden, und es bleibt die Formel (2) zurück. Deshalb muß in solchen Fällen das gewogene gleich oder fast gleich dem einfachen arithmetischen Mittel sein.

Abweichungen von 10 bis 20% bei der Mittelbildung eines Parameters überschreiten das in der Vorratsberechnung zulässige Maß. Deshalb ist zu prüfen, welchem der beiden arithmetischen Mittelwerte in der BA Halsbrücke der Vorzug zu geben ist.

Sinn der Bildung gewogener Mittelwerte ist es, den Einzelwerten x_i das „Gewicht" zu geben, mit dem sie den Mittelwert beeinflussen sollen. Als „gewichtgebend" werden die Gangmächtigkeit am Bemusterungspunkt i sowie dessen „Geltungsbereich", d. h. der Bemusterungsabstand bis zum Punkt $(i + 1)$, angesehen. Durch das „Gewicht Geltungsbereich" sollen Ungenauigkeiten, die sich angeblich aus nichtkonstantem Probenabstand ergeben, ausgeglichen werden. Damit soll z. B. verhindert werden, daß sich Probenhäufungen im gutvererzten Gangteil allzu stark erhöhend auf den Gesamtdurchschnitt auswirken. Solchen Fällen ist jedoch nicht durch eine „bessere" Rechnung, sondern durch strikte Einhaltung der konstanten Probenahmeabstände zu begegnen. Nichtkonstante Probenahmeabstände dürfen nur durch die Unmöglichkeit, an der betreffenden Stelle eine Probe zu nehmen, bedingt sein (Ausbau u. ä.). Das „Gewicht Mächtigkeit" soll den Einfluß hoher Gehaltswerte, die bei geringen Mächtigkeiten beobachtet werden, und den geringer Gehaltswerte bei großen Mächtigkeiten verringern bzw. erhöhen.

WOLODOMONOW (1944) hat (nach SALATA 1960) bewiesen, daß die Verwendung des gewogenen arithmetischen Mittels in der Vorratsberechnung dann zu Fehlern führen muß, wenn kein gesetzmäßiger Zusammenhang zwischen Gehalt und Mächtigkeit bzw. Gehalt und Bemusterungsabstand besteht. Wenn das berücksichtigt wird, ist nach WOLODOMONOW (1944) der als Standardstreuung berechnete Fehler stets ein Minimum (eine der Forderungen nach FISHER).

Das gewogene arithmetische Mittel berücksichtigt tatsächlich die gesetzmäßigen Zusammenhänge zwischen den Größen x_i und y_i bzw. z_i. Steigt x_i gesetzmäßig mit y_i, so sind hohe x_i-Werte stets mit hohen y_i-Werten verknüpft.

Tabelle 6. Anteil der Größe der Abweichung der Mittelwerte bei gewogenem Mittel (in Prozent)

Merkmal	Mächtigkeit	Gehaltswert				
		Blei	Zink	Schwefel	Silber	Kupfer
n	50	50	38	33	11	11
$\lvert\delta\rvert = 0$	28	0	16	0	0	9
$0 < \lvert\delta\rvert \leqq 10$	70	48	45	70	82	27
$10 < \lvert\delta\rvert \leqq 20$	2	34	29	15	18	46
$20 < \lvert\delta\rvert \leqq 50$	0	14	5	15	0	0
$50 < \lvert\delta\rvert$	0	4	5	0	0	18

Durch die beim gewogenen Mittel hervorgerufene Produktbildung x_iy_i wird berücksichtigt, daß die großen x_i-Werte mit größerem „Gewicht" in die Mittelbildung eingehen müssen; sie haben tatsächlich einen größeren Anteil am Haufwerk. Umgekehrt werden die tiefen x_i-Werte, die nur über geringe y_i ausgedehnt sind, keinen großen Anteil am gesamten Metallinhalt ausüben und werden dementsprechend auch in der Berechnung keinen großen Einfluß ausüben. Als Ergebnis ist hier stets das einfache arithmetische Mittel kleiner als das gewogene. — Wenn aber x_i gesetzmäßig abnimmt, wenn y_i steigt, ist das gewogene arithmetische Mittel kleiner als das einfache. Der Einfluß der hohen x_i-Werte, die nur über geringe y_i ausgedehnt sind, wird durch die Produktbildung entsprechend verringert, der der kleinen (aber über große y_i sich erstreckenden) x_i-Werte erhöht.

Beim Fehlen einer gesetzmäßigen Beziehung zwischen x_i und y_i kann man erwarten, daß sich in großen Stichproben die vier Möglichkeiten des Zusammentreffens von hohen und niedrigen x_i-Werten mit hohen und niedrigen y_i-Werten in ihrer Wirkung ausgleichen. Dies wird bei kleinem N nicht immer geschehen. Dann kann sich ein großer x_i-Wert, der zufälligerweise mit einem hohen y_i-Wert zusammenfällt, durch das extrem hohe Produkt x_iy_i außerordentlich erhöhend auf das gewogene Mittel auswirken.

„Gesetzmäßiger Zusammenhang" bedeutet in der Geologie, daß die Gehaltswerte eine streng korrelative Abhängigkeit von einer der beiden Raumkoordinaten (y_i oder z_i) aufweisen (SENKOW 1957), d. h., daß die einem x-Wert zugeordneten y-Werte nur um einen festzulegenden Betrag schwanken dürfen. Die Existenz einer Korrelation läßt sich, strenggenommen, nur durch die Berechnung des Korrelationskoeffizienten beweisen. Für eine überschlägige Betrachtung reicht auch eine graphische Analyse aus.

Es erübrigt sich, auf das Bestehen eines geologisch bedingten gesetzmäßigen Zusammenhangs zwischen Gehaltswert und Bemusterungsabstand zu prüfen. Ein solcher kann nicht bestehen. Nur bei unsachgemäßer Probenentnahme wird dieser „Zusammenhang" manchmal sichtbar. Jede Bildung des gewogenen Mittels mit dem Bemusterungsabstand („Geltungsbereich") ist deshalb zu verwerfen. Das gleiche gilt auch für die Wägung mit der Bemusterungsfläche, wenn eine Dimension dieser Fläche der Bemusterungsabstand ist.

Zur Prüfung auf Korrelation zwischen Gehalts- und Mächtigkeitswerten in der BA Halsbrücke wurden aus 37 Grundgesamtheiten 37 Korrelationsdiagramme konstruiert, darunter 20 für Blei-, 7 für Zink-, 4 für Schwefel-, je 3 für Silber- und Kupfergehalte, wobei der Stichprobenumfang stets größer als N = 30 ist. Eine visuelle Auswertung der 37 Diagramme (Abb. 3), in denen 1514 Wertepaare Gehalt/Mächtigkeit dargestellt wurden, beweist bereits ohne Berechnung des Korrelationskoeffizienten, daß in der BA Halsbrücke keine gesetzmäßige (geologische) Abhängigkeit zwischen Gehalts- und Mächtigkeitswerten besteht. In Übereinstimmung mit WOLODOMONOW (1944) muß hier die Berechnung des gewogenen Mittelwerts Fehler ergeben. Dem einfachen arithmetischen Mittel ist hier der Vorzug zu geben.

In einer Arbeit von GOTTE (1959) wird versucht, die Frage nach dem geeigneten arithmetischen Mittelwert auf graphischem Wege zu lösen. Die an gewählten Beispielen berechneten einfachen und gewogenen arithmetischen Mittel werden mit einem graphisch bestimmten „tatsächlichen" Mittelwert verglichen. Letzteren erhält GOTTE, indem er sowohl die Mächtigkeitseinzelwerte als auch den Metallinhalt (Meterprozente = G · M) als Säulen über den bemusterten Strecken aufträgt, die Säulenflächen für beide Größen getrennt planimetriert und die Fläche des zweiten durch die des ersten dividiert. Der Quotient, in Prozent ausgedrückt, ergäbe den „tatsächlich vorhandenen Gehalt". (Die Einschränkung durch den Fehler der Analogie wird zwar hervorgehoben, ist aber bei jeder Stichprobe aus Blockumfahrungen in Betracht zu ziehen.) Aus der Gleichheit der graphisch erhaltenen Gehaltswerte mit den rechnerisch ermittelten gewogenen Mittelwerten wird gefolgert, daß letztere genauer und zutreffender seien als die einfachen arithmetischen Mittel.

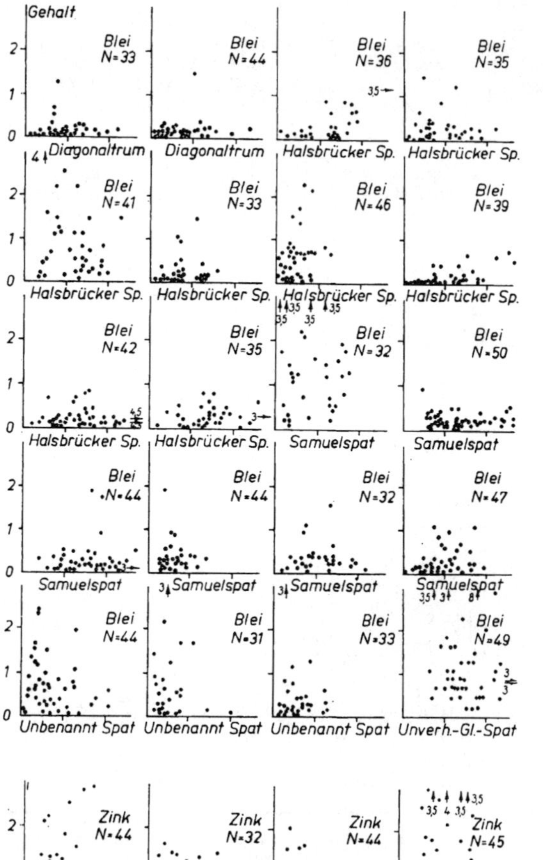

Abb. 3. Korrelationsdiagramme für Gehalt (Ordinate) und Mächtigkeit

Diese Schlußfolgerung ist jedoch nicht berechtigt. Es läßt sich zeigen, daß die als „tatsächlich vorhanden" angesehenen Gehalte mit den gewogenen identisch sind und demnach nicht zur Entscheidung der aufgeworfenen Frage dienen dürfen: Die planimetrierte Mächtigkeitsfläche ergibt sich rechnerisch zu $F_M = \sum_{i=1}^{N} M_i l_i$ (Summe der Säulenflächen), wenn l_i der Bemusterungsabstand ist, die planimetrierte Metallinhaltfläche aus der Summe der Säulenflächen zu $F_I = \sum_{i=1}^{N} (M_iG_i)l_i$. (Blockfläche und Raumgewicht werden auch bei GOTTE 1959 als konstant betrachtet.) Die Division von F_I durch F_M ergibt dann zwangsläufig das gewogene Mittel, das selbstverständlich mit dem rechnerisch ermittelten gewogenen Mittelwert übereinstimmen muß:

$$\frac{F_I}{F_M} = \frac{\sum_{i=1}^{N} (M_iG_i)l_i}{\sum_{i=1}^{N} (M_i)l_i} = \bar{x}_{gew}$$

Ähnliche Überlegungen sind bei der Beurteilung der Arbeit von QUELLMALZ 1963 anzustellen. Dort wird eine lineare proportionale Abhängigkeit zwischen Mächtigkeit und Gehalt angenommen, für die nach WOLODOMONOW (1944) das gewogene arithmetische Mittel dem theoretischen Mittelwert am nächsten kommt; es wird, als Erwiderung auf eine gegenteilige Meinung bei PETROW (1963), versucht, dies zu beweisen. Bei dem ersten Beweis erfolgt eine graphische Analyse, die nach Planimetrierung (der bei QUELLMALZ eingeschlagene Weg ist etwas komplizierter, läßt sich aber darauf zurückführen) eine Summe von Flächenprozenten ($=\sum F_iG_i$) und eine solche von Flächen ergibt ($=\sum F_i$). Durch Division ergibt sich der mittlere Gehalt $\frac{\sum F_iG_i}{\sum F_i}$, der natürlich den gleichen Wert wie das mit der Fläche gewogene arithmetische Mittel annimmt. QUELLMALZ sieht ihn jedoch als „tatsächlichen" Gehalt der Blockfläche an. Dem liegt der gleiche Trugschluß wie bei GOTTE (1959) zugrunde.

Wesentlich komplizierter sieht der zweite Beweis in der Arbeit QUELLMALZ' (1963) aus, in dem die Funktion der Abhängigkeit von M und G aufgestellt, daraus die Fläche des linearen Vorrats berechnet und dann ermittelt wird, wie groß der Anteil des Metalls sein muß, wenn er nicht auf die Fläche des linearen Vorrats, sondern auf die wahre Blockfläche verteilt wird. Das Ergebnis sei der „mittlere Gehalt" der Blockfläche und stimmt mit dem nach Beispiel 1 berechneten genau überein. Die Beantwortung der Frage, was das Integral der Funktion zwischen Gehalt und Mächtigkeit und das Integral der Funktion $y = x$ beinhalten, führt zu dem Schluß, daß das Ergebnis das arithmetische gewogene Mittel sein muß. Hinter dem ersten Integral, das nach Auflösung die Fläche des linearen Vorrats ergibt, verbirgt sich der Grenzwert der Summe aller Flächenprozente bei unendlich kleinem Punktabstand ($\int M \cdot G \cdot dh$, mit h als Punktabstand). Das zweite Integral ist der mathematische Ausdruck für den Grenzwert der Summe der Teilblockflächen bei unendlich kleinem Punktabstand ($\int M \cdot dh$). Durch Division der beiden Ausdrücke wird das gewogene Mittel erhalten:

$$\frac{\int M \cdot G \cdot dh}{\int M \cdot dh} = \lim_{h \to 0} \frac{\sum M \cdot G \cdot h}{\sum M \cdot h} = \bar{G}_{gew}$$

Als Beweis für die Richtigkeit der Untersuchung, daß nämlich im vorliegenden Beispiel das gewogene Mittel das einzige sei, das das „tatsächliche" Mittel ersetzt, wird die Tatsache angeführt, daß man mit dem gewogenen Mittel den gleichen Wert erhält, wie ihn das „tatsächliche" Mittel angibt, und daß „die durchgeführten Ableitungen und Berechnungen streng mathematisch erfolgten". Wie auch bei GOTTE (1959) fehlt hier aber die Untersuchung, was die „streng mathematisch" bearbeiteten Kenngrößen überhaupt aussagen.

5. Schlußbetrachtungen

Ziel dieser Arbeit sollte es sein, Möglichkeiten und Grenzen bei der Anwendung mathematisch-statistischer Methoden in der Entnahme und Bearbeitung von Proben anzudeuten. Daß hierbei die mathematischen Methoden Eingang finden müssen, ist unumstritten. Werden die Proben nicht unter Berücksichtigung mathematisch-statistischer Grundlagen entnommen, ist der Wert ihrer ganzen weiteren statistischen Bearbeitung in Frage gestellt. EDELMAN (1962) schreibt dazu: „It is the sampling, the basis for the analysis, which seems to have been forgotten so often during the evolution of the calculation methods" und „refined mathematical methods are often used when dealing with material, which have not been collected for such purposes". Das zeigt zugleich sehr deutlich, daß die Mathematik keine Unanfechtbarkeit der Methode vortäuschen darf, indem lediglich komplizierte Formeln, geschickt in einen exakten Rechenweg gekleidet, erscheinen. Der Probenehmer und -bearbeiter muß sich immer im klaren darüber sein, welche Aussagekraft seine Größen besitzen und was durch seine Proben und die aus ihnen erhaltenen Größen repräsentiert bzw. ausgesagt wird.

Andererseits müssen Proben, bei denen die Probenahme bereits gewährleistet, daß sie erfolgreich verwertet werden können, auch entsprechend ausgewertet werden. In kurzer Form schildert dies ZETTLER (1962): „Was geschieht nun mit den Analysenergebnissen? Sie dienen einerseits einer Direktinformation ... Da Analysen aber nun einmal Kosten verursachen, erscheint es nur recht und billig, wirklich auch alle darin enthaltenen Informationen vollständig herauszuholen. Wir schließen daraus, daß die mit Hilfe moderner Analysenmethoden erzielten Ergebnisse auch einer modernen Auswertung ... bedürfen ..."

Weiterhin zeigt die (nicht vollständig erfolgte) Auswertung der in der BA Halsbrücke vorliegenden Daten, daß die zu ihrer Bearbeitung verwendbaren Größen und Formeln stets in Abhängigkeit vom geologischen Charakter der Vererzung gewählt werden müssen. Deshalb sollten auch bindende Anordnungen betreffs Probenahmeabständen oder Mittelwertbildung, die nicht die spezifischen Verteilungsparameter u. ä. in den Gruben berücksichtigen (ZVK-Instruktion 1957), gut überprüft und gegebenenfalls modifiziert werden. Lassen sich „große" Probenabstände vom Kostenstandpunkt bei der Probenahme her noch verstehen (aber auch nur von dieser Seite), so fällt dieses Argument für die An-

Tabelle 7. Abweichungen der Mittelwerte bei Verwendung des halbierten Stichprobenumfangs; Mittel von jeweils n Blöcken (in Prozent)

Merkmal	n	Summe N	mit n gemitteltes	
			Δ [%]	|Δ| [%]
Mächtigkeit	36	1099	− 0,64	4,92
Bleigehalt	28	956	+ 0,68	12,80
Zinkgehalt	13	373	+ 3,11	14,49
Schwefelgehalt	10	244	+ 0,20	10,14
Silbergehalt	8	266	− 0,73	2,96
Kupfergehalt	8	266	+ 3,26	19,21

Tabelle 8. Abweichungen der Mittelwerte bei Verwendung des gewogenen Mittels; Mittel von jeweils n Blöcken (in Prozent)

Merkmal	n	Summe N	mit n gemitteltes	
			δ [%]	|δ| [%]
Mächtigkeit	50	1398	+ 0,30	2,40
Bleigehalt	50	1398	+ 1,98	13,95
Zinkgehalt	38	964	+ 1,12	11,42
Schwefelgehalt	33	773	− 4,00	10,48
Silbergehalt	11	352	− 3,25	7,14
Kupfergehalt	11	352	+ 15,97	24,95

wendung des gewogenen Mittels — auf jeden Fall in der BA Halsbrücke — ebenfalls fort. Zur Begründung der Fortsetzung der bisherigen Methoden läßt sich das Argument, daß sich nach den Gesetzen der Statistik die Differenzen zwischen den bisher berechneten Metallinhalten und denen, die unter Anwendung passender Methoden erhalten werden, im Mittel vieler Blöcke oder in der Lagerstätte ausgleichen, nicht anführen. Zwar gleichen sich diese Differenzen, wie Tab. 7 und 8 zeigen, tatsächlich aus; aber Ziel der Vorratsberechnung ist es doch, den Lagerstättenvorrat einzelner Blöcke zu ermitteln.

Zusammenfassung

Der vorliegende Beitrag soll Möglichkeiten und Grenzen der Anwendbarkeit mathematisch-statistischer Methoden in der Probenahme und Vorratsberechnung andeuten. Die Untersuchungen stützen sich auf Bemusterungsdaten, die in der BA Halsbrücke des VEB Bergbau- und Hüttenkombinat „Albert Funk", Freiberg, erhalten wurden. Im wesentlichen werden Probleme der Wahl eines geeigneten Probenahmeabstands und eines Schemas der Mittelwertbildung behandelt, wobei einige ältere Arbeiten einer kritischen Analyse unterworfen werden. Es wird gezeigt, daß hierbei mathematisch-statistische Methoden angewendet werden müssen und können, wenn sie mit Rücksicht auf den Charakter der Vererzung der Ganglagerstätte richtig gewählt werden.

Резюме

Статья должна наметить возможности и пределы применимости математически-статистических методов при пробоотборе и подсчете запасов. Исследования основываются на данных опробования, полученных на шахте Гальсбрюкке горно-металлургического комбината им. „Альберта Функа", Фрейберг. Рассматриваются в основном проблемы выбора подходящего расстояния отбора проб и схемы определения средних значений, причем некоторые более старые работы подвергаются критическому анализу. Показываются необходимость и возможность применения математически-статистических методов при условии правильного их выбора с учетом характера оруденения жильного месторождения.

Summary

The present article is designed to indicate possibilities and limits of application of mathematical-statistical methods in sampling and reserve calculation. The studies are based on sampling data obtained by BA Halsbrücke of VEB Bergbau- und Hüttenkombinat „Albert Funk", Freiberg, and mainly discuss problems connected with the choice of an appropriate sampling space and scheme of formation of mean values. They include a critical analysis of previous papers dealing with the same subject. It is shown that mathematical-statistical methods must and can be applied, provided they are properly chosen with reference to the character of mineralization of the vein deposit.

Literatur

BINTIG, K. H.: Vorratsberechnung von Begleitelementen mit Hilfe der Korrelationsrechnung. — Z. angew. Geol., 6, 267, Berlin 1960.
— Fehlertheorie und Rundungsintervall von Vorratsberechnungen. Teil I: Fehlerzusammensetzung und Fehlereinfluß. — Z. angew. Geol., 7, 81 bis 86, Berlin 1961.
EDELMAN, N.: Mathematics and Geology. — Geol. Fören. Förhandl., 84, 4, 343—350, Stockholm 1962.
GOTTE, W.: Zur Diskussion über den „besten" Mittelwert für geologische Erkundungsdaten. — Z. angew. Geol., 5, 4, 172, Berlin 1959.
KASAKOWSKIJ, G. A.: Einschätzung der Genauigkeit der Ergebnisse im Zusammenhang mit der Geometrisierung und Berechnung der Vorräte von Lagerstätten. — Moskau 1948 (russ.).
KRAJEWSKI, R.: Über die Untersuchung der Variationskoeffizienten polnischer Erzlagerstätten. — Z. angew. Geol., 5, 7, 306 (1959).
OELNSER, O. W.: Grundlagen zur Untersuchung und Bewertung von Erzlagerstätten. — Thüringen-Verlag, Gera 1952.
QUELLMALZ, H.: Zur Diskussion über den besten Mittelwert. — Z. angew. Geol., 9, 12, 629—632 (1963).
REH, H.: Untersuchung der Zuverlässigkeit der Bewertung von Lagerstätten nutzbarer Rohstoffe und Ableitung einer erweiterten Klassifikation der Vorräte. — Z. angew. Geol., 2, 4, 166 (1956).
RYSHOW, P. A.: Die Geometrie der Tiefen. — Moskau 1952 (russ.).
SALATA, L. F.: Über Mängel der Wägungsmethode bei Bestimmung von mittleren Gehalten. — Z. angew. Geol., 6, 4, 166 (1960).
SENKOW, D. A.: Die vier Typen der Veränderlichkeit von Erzkörpern. — Z. angew. Geol., 3, 2/3, 58—63 (1957).
SMIRNOW, W. I.: Geologische Grundlagen für das Aufsuchen und die Erkundung von Erzlagerstätten. — Z. angew. Geol., 3, 1, 8 (1957).
STAMMBERGER, F.: Welche Methoden der Vorratsberechnung sind dem Praktiker zu empfehlen? — Z. angew. Geol., 1, 3/4, 159—163 (1955).
— Einführung in die Berechnung von Lagerstättenvorräten fester mineralischer Rohstoffe. — Akad.-Verl., Berlin 1956.
— Zur Verteilung der Gehalte in Lagerstätten und zu den Charakteristiken der Verteilung. — Z. angew. Geol., 3, 8/9, 364 (1957).
— Zur Diskussion über den „besten" Mittelwert für geologische Erkundungsdaten. — Z. angew. Geol., 4, 1, 21 (1958).
— Vorläufige Richtlinien für die organisatorische Durchführung und die Kontrolle chemisch-analytischer Arbeiten. — Z. angew. Geol., 5, 3, 113 (1959) [1959a].
— Zu den Toleranzen bei Vorratsangaben und deren Aussagesicherheit. — Z. angew. Geol., 5, 12, 596 (1959) [1959b].
WOLODOMONOW, N. W.: Über die Berechnungsmethode der Vorräte in Ganglagerstätten. — Gornij Shurnal, 3/4 (1944) (russ.).
WEBER, E.: Grundriß der biologischen Statistik. — VEB Fischer-Verlag, 5. Aufl., Jena 1964.
WIJS, H. J. DE: Statistics of ore distribution. Part I: Frequency distribution of assay values. — Geol. en Mijnbouw, H. 11 (1951).
— Statistics of ore distribution. Part II: Theory of binominal distribution applied to sampling and engineering problems. — Geol. en Mijnbouw, H. 1 (1953).
ZETTLER, H.: Moderne Analysenmethoden, ihre Ziele und Grenzen. — Erzmetall, 15, 7, 352—357 (1962).
Instruktion zur Anwendung der „Klassifikation der Lagerstättenvorräte fester mineralischer Rohstoffe" auf Blei-Zink-Lagerstätten der DDR. 1. Blei-Zink-Instruktion vom 19. 2. 1957. — Z. angew. Geol., 3, 5/6, 269—272 (1957).

Das System ökonomischer Kennziffern in der geologischen Erkundung[1])

BOHUMIL JUHA, Prag

Die Redaktion veröffentlicht die nachstehende Arbeit, um damit zur Diskussion über dieses interessante Thema beizutragen.

Der Verfasser bezieht sich an einigen Stellen auf eine vorangegangene Arbeit von MIROSLAV JEDLIČKA. Es handelt sich dabei um dessen Veröffentlichung „Mängel des ökonomischen Systems in der geologischen Erkundung", erschienen in „Geologicky průskum", H. 6, S. 171—173, Praha 1963. Die angeführten Textstellen werden in fortlaufenden Fußnoten (nach einer Übersetzung dieser Arbeit von MÜLLER) wiedergegeben.

Der Artikel von JEDLIČKA ist sehr aktuell und befaßt sich mit der Verbesserung des Systems ökonomischer Kennziffern mit dem Ziel, dem Wachstum des Gesamtprodukts und -volkseinkommens sowie dem Wachstum der gesellschaftlichen Produktivität der Arbeit zu dienen. JEDLIČKA verweist in seinem Artikel auf einige Mängel des Systems ökonomischer Kennziffern in der geologischen Erkundung und unterbreitet detaillierte Vorschläge zu ihrer Beseitigung. Ich bin der Ansicht, daß einige Ausführungen und Schlußfolgerungen nicht ganz richtig sind. In diesem Artikel will ich dem Leser meine Meinung zur Lösung der gegebenen Problematik unterbreiten. Mit den Löhnen werde ich mich in diesem Artikel nicht befassen, da diese Frage vom Thema abweicht.

[1]) Aus: „Geologicky průskum", H. 8, S. 241—243, Praha 1963. Übers.: GRÖSSL, Berlin

Das System ökonomischer Kennziffern

Bereits nach der Vereinheitlichung des Geologischen Dienstes wurde festgestellt, daß die gebräuchliche Art der ökonomischen Leitung von Erkundungsorganisationen (im wesentlichen aus der Bauindustrie übernommen) deshalb mangelhaft ist, weil sie ungenügend auf die zweckmäßige Auslastung von Mitteln des staatlichen Haushalts einwirkt. Die Problematik liegt darin, daß bei der Bewertung der Betriebstätigkeit grundsätzlich von den Grundkennziffern ausgegangen wird, die das Niveau der beim Nachweis von Lagerstätten erforderlichen technischen Arbeiten zum Ausdruck bringen. Die Kennziffern „Der Arbeitsumfang der geologischen Erkundungsarbeiten", nach der die Arbeitsproduktivität und Rentabilität errechnet werden, sind der Wertausdruck der Erkundungsarbeiten (Bohrungen, Schächte, Überbauen, Stollen, Schürfe, Laboruntersuchungen, Vorratsberechnungen usw.). Die grundlegenden ökonomischen Kennziffern des Plans — die Arbeitsproduktivität und Selbstkosten (Gewinn) — stellen also die Ökonomie der Erkundungsarbeiten und nicht die Ökonomie der geologischen Erkundung dar. Unter solchen Bedingungen können Erkundungsorganisationen eine günstige Entwicklung der ökonomischen Kennziffern auch dann nachweisen, wenn die Erkundung wegen schlechter Methodik, einer schlechten Zielsetzung, ungenügender Qualität der Arbeit u. ä. negativ verläuft oder wenn die erzielten Ergebnisse der Erkundung in keinem Verhältnis zu den aufgewendeten Mitteln stehen — z. B. Übererkundung, aufwendige Erkundungsmethode. Die Kennziffern bringen demnach den Beitrag der Erkundung für die Volkswirtschaft nicht zum Ausdruck, und das ist deren Hauptmangel.

1960 wurde im geologischen Erkundungsbetrieb Brno und später auch in den übrigen Betrieben die Kennziffer Effektivität eingeführt. Sie drückt das Verhältnis der verausgabten finanziellen Mittel zu den Werten der nachgewiesenen Vorräte aus und soll die gesellschaftliche Produktivität der Arbeit in der geologischen Erkundung, den Wirkungsgrad, zum Ausdruck bringen. Unter Berücksichtigung einer ganzen Reihe ungelöster methodischer Fragen, die mit der Planung und Bewertung dieser Kennziffern zusammenhängen, kann sie z. Z. im System ökonomischer Kennziffern nicht an erster Stelle stehen. Deshalb muß man dieser Kennziffer besondere Aufmerksamkeit schenken.

Die Effektivität der geologischen Erkundung

Den Nutzeffekt geologischer Erkundungsarbeiten in einzelnen Objekten kann man relativ einfach durch den Anteil der Erkundungskosten zum Ausdruck bringen, die auf die Einheit nachgewiesener Vorräte entfallen. Den Nutzeffekt der Erkundungsarbeiten in den einzelnen Bereichen und den einzelnen Organisationen soll man mit der Summenkennziffer Effektivität zum Ausdruck bringen. Lassen wir das Problem der Ermittlung und Bewertung der nachgewiesenen Vorratsmenge in einem bestimmten Planungszeitraum unberücksichtigt, so kann man sagen, daß die Problematik der Kennziffer Effektivität im Definieren nachgewiesener Vorräte in finanziellen Einheiten, also in Kronen (evtl. anderen gesellschaftlichen Einheiten), besteht.

Die Grundlage für das Darstellen des Wertes nachgewiesener Vorratseinheiten (für den Ausdruck ihrer Preise) muß die zu ihrem Nachweis erforderliche gesellschaftlich notwendige Arbeit sein, einfacher ausgedrückt „die Kosten des Nachweises". Meines Erachtens muß man den Begriff „gesellschaftlich notwendige Arbeit" ähnlich wie in der Landwirtschaft auffassen. (Er hängt mit der MARXschen Auslegung der Boden- und Bergbaurente zusammen.) Das heißt also, daß als Grundlage für die Festlegung des Preises die Kosten angesehen werden sollten, die für den Nachweis der Vorratseinheit an relativ schlechtesten, für die Gesellschaft jedoch noch verwertbaren Arten erforderlich sind, und nicht die durchschnittlichen Kosten. Zu dieser Schlußfolgerung kommen wir deshalb, weil die geologischen Bedingungen mit den Bedingungen der Gewinnung verknüpft sind, so daß für die geologische Erkundung die von MARX aufgestellten Schlußfolgerungen (III. Band „Kapital") für die Bergbaurente gelten.

Den Preis einer nachgewiesenen Vorratseinheit wird einmal die Aufwendigkeit der Erkundungsarbeiten (abhängig von der Arbeitsproduktivität), des weiteren der Gesamtbedarf eines bestimmten Rohstoffs und seine Bedarfsdeckung durch einheimische und ausländische Quellen beeinflussen. Steigt z. B. die Nachfrage (der Bedarf) nach einem bestimmten Rohstoff, so wird sich die Erkundung auch auf weniger günstige Lagerstätten orientieren, z. B. auf Lagerstätten in größerer Teufe, von schlechterer Qualität, von geringerer Mächtigkeit, auf schlechter verarbeitbare Lagerstätten u. ä. Der Preis einer nachgewiesenen Vorratseinheit wird in diesem Falle steigen, da zur Deckung des gesellschaftlichen Bedarfs dieses Rohstoffs größere Kosten erforderlich sind. Umgekehrt: Weist die Erkundung eine neue, günstige Lagerstätte nach, die einen Großteil des Bedarfs deckt, so kann von der Nutzung und Erkundung weniger günstiger Lagerstätten Abstand genommen werden; der Aufwand an gesellschaftlich notwendiger Arbeit sinkt, weshalb sich auch der Preis der nachgewiesenen Vorratseinheit mindert. Ebenso kann es zu einer Minderung kommen, wenn es gelingt, einen Teil des Bedarfs durch Einfuhr zu decken, ganz besonders, wenn es sich um eine solche aus langfristigen Verträgen handelt.

Der Preis der Einheit nachgewiesener Vorräte wird also nicht stabil, sondern nach den aufgeführten Faktoren veränderlich sein, die die Höhe der gesellschaftlich notwendigen Arbeit für deren Nachweis beeinflussen. In diesem Sinne stimme ich der Ansicht JEDLIČKAS zu, daß der Preis von Rohstoffen der innen- und außenpolitischen Situation unterzuordnen ist. Man kann allerdings nicht schlußfolgern, daß sich der Preis laufend verändert; denn der Rohstoffbedarf und dessen Deckung aus eigenem Aufkommen werden nicht von heute auf morgen verändert, diese Größen sind für längere Zeiträume konstant, so daß auch der Preis konstant bleibt. Man kann deshalb kaum davon sprechen, daß der Preis Augenblicksforderungen und um so weniger Forderungen der Bezirke unterliegt. Bedürfnisse der Bezirke müssen bei der Aufstellung des Plans durch direktive Festlegung von bestimmten Aufgaben berücksichtigt werden. Augenblicksforderungen können grundsätzlich nicht berücksichtigt werden, da sich die Erkundung nach dem langfristigen Bedarf zu richten hat.

Der Vollständigkeit halber sei ergänzt, daß ich nicht der Meinung bin, daß der Preis einer Einheit nachgewiesener Vorräte von den geltenden Großhandelspreisen des betreffenden Rohstoffs abgeleitet wird. Ein so abgeleiteter Preis würde den Wert der nachgewiesenen Vorräte nicht zum Ausdruck bringen, zumal die Rohstoffpreise von ihrem Wert abweichen. Dies ist deshalb so, weil der Preis einmal den Bedarf und zum anderen die Erzeugung selbst beeinflussen soll.

Die Effektivitätskennziffer soll die Erkundungsbetriebe dahin bringen, daß sie vorrangig solche Lagerstätten und Rohstoffe bearbeiten, die für die Volkswirtschaft den größten Effekt bringen, und daß sie die für die Erkundung verausgabten Kosten so gering wie möglich halten. Die Kostenminderung für die Erkundung soll durch eine geeignete Erkundungsmethodik, durch Ausschalten nicht erforderlicher Arbeiten erreicht werden. Dies kann u. a. auch durch geeignete Bohransatzpunkte, durch komplexe Bewertung der Erkundungsarbeiten u. ä. geschehen. Wird die Effektivitätskennziffer so aufgefaßt, ist ersichtlich, daß ihr erst bei höheren Erkundungsetappen besondere Bedeutung zukommt.

Unter Berücksichtigung der Bedeutung der Effektivitätskennziffer sollte auch der Preis der Einheit nachgewiesener Vorräte festgelegt werden. Der Preis sollte mit Rücksicht auf die Endkosten der Gewinnung und Verarbeitung eines bestimmten Rohstoffs (Kosten für Gewinnung, Verarbeitung und Transport) vom Wert abweichen.

Ich halte eine Differenzierung des Preises nachgewiesener Vorräte nach dem Erkundungsgrad und deren Qualitat für richtig. Bei transportintensiven Rohstoffen wird eine Preisdifferenzierung auch nach dem Ort des Vorkommens von Vorteil sein. (Höhere Kosten für Erkundung und Gewinnung werden durch Einsparungen von Transportkosten gedeckt.)

Eine Differenzierung der Preise nach Lagerstättentypen, Teufe u. ä. halte ich für ökonomisch unbegründet, da Preis und Effektivitätskennziffer nicht auf die Erkundung von Lagerstätten lenken, die für die Gesellschaft ökonomisch von Vorteil sind.

Die Preisliste für Erkundungsarbeiten

Der Sinn der Preisliste für Erkundungsarbeiten besteht darin, ihren Wert zum Ausdruck zu bringen. Die Grundlage für die Preisbestimmung muß auch hier der gesellschaftlich notwendige Aufwand sein. Die Preisliste soll nicht die konkreten Kosten ausdrücken, weshalb die Forderung von JEDLIČKA, daß die Preisliste die Schwere der einzelnen Arbeit bewerten soll[2]), nicht richtig ist. Ebenso stimme ich seiner Meinung nicht zu, daß durch die Präzisierung der Preisliste (Ergänzung)[3]) die Möglichkeit einer gerechten Bewertung differenzierter Bedingungen einzelner geologischer Erkundungseinheiten verbessert wird.

Die Preise für Erkundungsarbeiten müssen so festgelegt werden, daß sie zur Anwendung der fortschrittlichsten Technik, Technologie und Arbeitsorganisation führen. Die Preise sollten deshalb die Kosten progressiver Arbeitsmethoden darstellen. So sollten z. B. für die Preise für Bohrungen von 100 m Endteufe die Kosten von fahrbaren Anlagen die Grundlage darstellen, für die Preise in hartem Gebirge die Kosten von Diamantbohren u. ä. Als einen Mangel der bestehenden Preisliste sehe ich den Umstand an, daß die Preise auch nach nichtökonomischen Gesichtspunkten differenziert sind. So sind z. B. die Preise für Bohrarbeiten nach der verwendeten Technik differenziert. Unterschiedlich ist der Preis für Hand- und maschinelle Anlagen, ähnlich der für gehackte und gebaggerte Schürfe. Bei einer derartigen Differenzierung wirkt der Preis nicht darauf hin, daß so fortschrittlich und so wirtschaftlich wie möglich gearbeitet wird.

Ich bin der Meinung, daß eine Differenzierung der Preise von Erkundungsarbeiten nach Faktoren, die durch die Betriebe nicht beeinflußt werden können (d. h. nach objektiven Faktoren), richtig ist, und zwar im wesentlichen:

a) nach der Art der Arbeit (Kernbohrungen, Meißelbohrungen, hydrogeologische Bohrungen, bergmännische Arbeiten u. ä.),

b) nach den natürlichen Bedingungen (Gesteinshärte, Teufe, durchgeführte Arbeiten),

c) nach der Endteufe von Erkundungsarbeiten, besonders von Bohrungen,

d) nach geforderter Sondertechnologie.

Bei der Preisermittlung ist eine Analyse der einzelnen Kostenkomponenten (Material, Löhne und sonstiges) derart anzufertigen, daß eine evtl. Unwirtschaftlichkeit aus früherer Zeit ausgeschaltet wird. Man kann also nicht von den tatsächlichen Kosten ausgehen, sondern von den gesellschaftlich notwendigen Kosten. Bei der Ermittlung der Lohnkosten bestimmen einzelne Kostenkomponenten die Normativvorschriften. Zum Beispiel muß man bei der Ermittlung der Lohnkosten von den Normativvorschriften als Leistungsnorm (Normen für Bedienung, tariflicher Qualifizierungskatalog, Lohntarife und weitere Lohnvorschriften) ausgehen. In diesem Sinne ist die Verbindung der Normen (nicht nur der Leistungsnormen) mit der Preisliste zu verstehen.

Das heißt aber nicht, daß zwischen Leistungsnorm und Preisliste eine direkte Beziehung bestehen muß. Die von JEDLIČKA geforderte Einheit von Preisen und Leistungsnormen ist nicht möglich, da die geltenden Grundsätze für die Bildung von Preislisten von den Grundsätzen, die für die Bildung von Leistungsnormen geltend sind, unterschiedlich sind. Zur Verdeutlichung führe ich ein Beispiel an. Nach den Grundsätzen für die Bildung von Preislisten, die ich oben kurz aufführte, halte ich es für richtig, daß der Preis für Kernbohren einheitlich für Bohrungen bis zu einer Teufe von 300 m festgelegt wird (differenziert lediglich nach Härte und Teufe), ohne Rücksicht auf Typ und Art der Anlage und deren Ausrüstung. Demgegenüber muß die Leistungsnorm unterschiedlich nicht nur für die einzelnen Anlage-

[2]) „In der eigentlichen finanziellen Bewertung wird von der Preisliste der geologischen Arbeiten ausgegangen. Obwohl die Preisliste in ihrem Aufbau im wesentlichen die Schwierigkeiten der einzelnen Arbeiten ausdrückt und bewertet, kann sie jedoch die ganze Verschiedenartigkeit der Arbeiten in der geologischen Erkundung nicht voll erfassen."

[3]) „Der Eingriff für das Jahr 1963 von seiten des Zentralen Geologischen Amtes von dem richtigen Gesichtspunkt der Einschränkung von Planüberschreitungen in der sonstigen Tätigkeit und der Orientierung der Tätigkeit von Unternehmen auf die geologischen Erkundungsarbeiten sollte jedoch von einer Ergänzung der Preisliste für die Arbeiten begleitet sein, die zum Zubehör der Erkundungsarbeiten (besonders der Grubenarbeiten) gehören ..." – „Das würde allerdings eine gründliche Durcharbeitung folgender weiterer Fragen bedeuten:
a) Vervollständigung und Präzisierung der Preisliste, an der neben den Technikern und Mitarbeitern der Planungsabteilungen auch Mitarbeiter der Abteilungen Arbeit und Löhne und andere Abteilungen teilnehmen müßten. ..."

arten, sondern auch nach deren Ausrüstung (technisch-organisatorische Bedingungen), z. B. Höhe des Turms, Verwendung technischer Ausrüstungen (Abschraubvorrichtung, Ablage u. ä.), festgelegt werden. Dieser Unterschied rührt daher, daß der Preis die gesellschaftlich notwendigen Kosten zum Ausdruck bringt (den Bedarf an vergegenständlichter und lebendiger Arbeit), während die Leistungsnorm den Zeitbedarf unter bestimmten, konkreten Bedingungen festlegt.

Um die Entwicklung der Produktion und des Kostenaufwands darstellen zu können, wird es erforderlich, die Preisliste für einen bestimmten Zeitraum nicht zu verändern. Eine Veränderung der Preise kann nur planmäßig vorgenommen werden, am besten in allen (Industrie-) Zweigen gleichzeitig, um den Einfluß der Preisänderung in den geplanten Kennziffern, sowohl der Produzenten als auch der Konsumenten, darstellen zu können. Durch die komplizierten Beziehungen der Volkswirtschaft wirkt sich eine Änderung der Erzeugerpreise eines Zweiges in einer Reihe von anderen aus. Im Verlauf ihrer Gültigkeit muß allerdings die Preisliste, wie JEDLIČKA ganz richtig fordert, um die Preise neuer Erzeugnisse und neuer Arbeiten ergänzt werden. Veranschlagte Preise muß man auf besondere Fälle sich nicht wiederholender Arbeiten beschränken, wenn ökonomische Gründe für die Festlegung abweichender Preise vorhanden sind.

Die Arbeitsproduktivität

Die Arbeitsproduktivität und deren Entwicklung in Form des Finanzvolumens der geologischen Erkundungsarbeiten auszudrücken, die auf ein Mitglied der Belegschaft, einen Arbeiter oder eine geleistete Stunde entfällt, wird zur Zeit als ungenau und unrichtig kritisiert. In diesen Komplex wird häufig auch die Preisliste der Erkundungsarbeiten einbezogen. Es wurden auch Meinungen laut, die Preise so festzulegen, daß die einzelnen Arbeitsarten hinsichtlich der Arbeitsproduktivität ersetzbar wären. Aus dem Artikel JEDLIČKAs geht ebenfalls hervor, daß eine Präzisierung der Arbeitsproduktivitätsmessung von der Qualitätsverbesserung der Preisliste abhängt.

Das unterschiedliche Niveau der Arbeitsproduktivität bei einzelnen Arbeitsarten ist durch das unterschiedliche Verhältnis von Bedarf an vergegenständlichter Arbeit (Material, Abschreibungen usw.) und lebendiger Arbeit (geleistete Arbeitsstunden usw.) bedingt. In unserem Industriezweig wird dabei vielleicht auf hydrogeologische Bohrungen verwiesen, deren Wert durch das verwendete Material außerordentlich beeinflußt wird, so daß bei unveränderter Arbeitsaufwendigkeit auch das Niveau der Arbeitsproduktivität beeinflußt wird. Eine solche Ausdrucksweise der Arbeitsproduktivität führt zum Verbrauch teureren Materials. Ähnliche Beispiele, wo es zum Zwiespalt zwischen den gesellschaftlichen und den Interessen eines Werkes kommt, könnte ich genügend aufführen. Dies kann man aber nicht durch eine Vervollkommnung der Preisliste klären, weil der Preis nicht nur die Lohnkosten darstellt. Aus diesem Grund wird vorgeschlagen, zur Beurteilung der Arbeitsproduktivität und deren Entwicklung die sogenannte „Arbeitsmethode" zu benutzen. Das Prinzip dieser Methode besteht darin, daß der Arbeitsumfang (Produktion) in Einheiten Arbeitsaufwand ausgedrückt wird, die unveränderliche Normen des Zeitaufwands darstellen. Zur Zeit wird die Anwendung dieser Methode versuchsweise erprobt.

Mit Rücksicht auf den Charakter der Erkundungstätigkeit wird es für richtig gehalten, daß der Schwerpunkt bei der Entwicklung der Arbeitsproduktivität auf den Arbeiter und die geleistete Stunde gelegt wird. Ich begründe das damit, daß zwischen der Anzahl der Arbeiter oder der Anzahl der geleisteten Stunden und dem Umfang der geleisteten Erkundungsarbeiten (ausgedrückt in Einheiten Arbeitsaufwand) eine direkte Beziehung besteht. Dagegen wird die Anzahl der technisch-wissenschaftlichen Mitarbeiter, die einen beachtlichen Teil der Mitarbeiter des Geologischen Dienstes darstellen, durch den Umfang der geologischen Arbeiten, aber auch durch weitere Faktoren (komplexe Bewertung, Verbesserung der Qualität u. ä.) nicht direkt beeinflußt. Die ausgearbeiteten methodischen Hinweise beinhalten die Festlegung des Standes von Nichtarbeiterkategorien durch den Direktivplan (quasi eine Systematisierung des Standes an ingenieur-technischen und administrativen Mitarbeitern und Bedienungspersonal).

Der Kostenplan

Der Kostenplan legt das Niveau der Selbstkosten der einzelnen Organisationen unter Berücksichtigung der konkreten Produktionsbedingungen fest. Das System der materiellen Interessiertheit wirkt auf die Kostenminderung in den Gewinn- und Verlustbetrieben ein. Der Gewinn bzw. Verlust bringt die Beziehung der Kosten einer bestimmten Wirtschaftseinheit zu den gesellschaftlich notwendigen Kosten zum Ausdruck. Diese Aufgabe des Kostenplans kann durch die Preisbildung nicht so ersetzt werden, daß sie die Kostenaufwendigkeit präzise zum Ausdruck bringt (eine solche Art der Preisbildungspolitik würde dazu führen, daß der Preis einer bestimmten Arbeit je nach Kostenaufwandniveau einzelner Organisationen unterschiedlich wäre). Wichtig bei der Festlegung der Preise ist der Umstand, daß die Rentabilität der einzelnen Arbeiten grundsätzlich gleich ist. Die unterschiedliche Höhe der Rentabilität einzelner Arbeiten beeinflußt die Produktionsstruktur zugunsten rentablerer Arbeiten.

Die Senkung der Selbstkosten (wie Erhöhung der Arbeitsproduktivität) ist die grundlegende Aufgabe unserer Wirtschaft. Dabei ist die Senkung der Selbstkosten im Sinne der gesamten Volkswirtschaft anzusehen, ich stimme der Ansicht JEDLIČKAs nicht zu, daß der Selbstkostensenkung eine Grenze gesetzt ist und daß nur ein Teil der Kosten gesenkt werden sollte.[4]) Ich bin der Meinung, daß wirtschaftlichere Arten auch bei den Bewertungsarbeiten angewendet werden sollten, um auch diesen Teil der Kosten zu senken. Bereits heute wird dieser Weg beschritten. Als Beispiel kann ich die Mechanisierung der Vorratsberechnung anführen. Dabei ist klar, daß eine Kostensenkung zuungunsten der Qualität nicht erwünscht ist.

[4]) „Den Unternehmen werden also die Akkumulation und die Gewinnabführung vorgeschrieben, während die Kostenhöhe dem Leistungsplan nicht entspricht. Auch diese Kennziffer wird von Jahr zu Jahr festgelegt. Es besteht jedoch die Frage, welcher Kostenteil der jährlichen Festlegung unterliegen soll und welcher Teil feststehen soll. Hier existiert nämlich eine Grenze, bei deren Überschreitung es zu beträchtlichen Schäden gegenüber dem Zweck der Arbeiten — einer wirtschaftlichen Gewinnung der Rohstoffe — kommen könnte."

Die Anwendungseignung einzelner Kennziffern

Die Erfahrungen mit dem Normativnachweis der persönlichen und betrieblichen Interessiertheit im EB Brno zeigten, daß die Möglichkeiten einer indirekten Leitung der Erkundungsorganisation mit Hilfe eines indirekten Systems ökonomischer Kennziffern sehr begrenzt sind, ganz besonders im geologischen Bereich. So müssen z. B. die Erkundung hinsichtlich der Rohstoffart, ihre Gliederung in Abschnitte und der Erkundungsgrad durch den Direktivplan festgelegt werden.

Das Grundproblem der betrieblichen Interessiertheit besteht darin, daß die Erkundungsbetriebe Organisationen mit wirtschaftlicher Rechnungsführung sind, denen die Mittel aus dem staatlichen Haushalt nach den geleisteten Erkundungsarbeiten ohne Berücksichtigung des ökonomischen Effekts freigegeben werden. Diese Finanzierungsart kommt daher, daß die Erkundungsergebnisse nicht in vollem Umfang von der Arbeitsqualität der Erkundungsorganisationen abhängig sind. Zu einem entscheidenden Maß sind die Ergebnisse der Erkundung durch die natürlichen Bedingungen beeinflußt, ganz besonders in den niederen Erkundungsstadien. Das Risiko einer zweckentsprechenden Erkundung kann die Erkundungsorganisation nicht in vollem Umfang tragen. Ich halte deshalb die Beibehaltung der bisherigen Finanzierungsart der Betriebe in Abhängigkeit vom Umfang der geleisteten Arbeiten für richtig. Eine Finanzierung nach den erreichten Erkundungsergebnissen würde eine erhebliche Vergrößerung der Umlaufmittel zur Folge haben, wobei die finanzielle Situation des Betriebs als Bewirtschaftung mit bedeutender Verspätung erhalten bliebe, wodurch die Wirksamkeit der Finanzkontrolle abgeschwächt würde (ohne Berücksichtigung dessen, daß die geologischen Ergebnisse mit der Wirtschaftlichkeit der Arbeiten vermengt werden). In dieser Hinsicht behält die Preisliste für Erkundungsarbeiten auch weiterhin ihre Gültigkeit.

Die gesellschaftliche Effektivität der geologischen Erkundung sollte im Stadium der Projektierung und der Einreihung der einzelnen Aktionen in den Plan gesichert werden, wobei die Beibehaltung der einzelnen Erkundungsstadien und die Inangriffnahme höherer Stadien erst nach der ökonomischen Gesamtbewertung der Bedeutung einer bestimmten Lagerstätte nicht nur hinsichtlich der Erkundungskosten, sondern auch der endgültigen Verarbeitungskosten, evtl. der Nutzung (Transportkosten), erforderlich ist. In dem jeweiligen Stadium ist es notwendig, daß das Interesse an einer wirtschaftlichen Erkundung nach den vom Geologen — Betrieb — beeinflußten Möglichkeiten geweckt wird.

Die Kennziffern, die die gesellschaftliche Effektivität der Erkundung zum Ausdruck bringen (Kosten je 1 t, m^3, Effektivitätskennziffer), kann man im Bereich der materiellen Interessiertheit so anwenden, daß Mitarbeiter des Geologischen Dienstes, die die Erkundungsarbeiten in den einzelnen Abschnitten leiten, für Kostenminderung des Nachweisens je Vorratseinheit prämiiert werden. Die übrigen Mitarbeiter des Geologischen Dienstes kann man an der Erfüllung der Effektivitätskennziffer interessieren (wobei man auch den Faktor, der ihre Höhe beeinflußt, nicht vergessen soll). Die übrigen Mitarbeiter werden am besten indirekt mittels des Prämienfonds so interessiert, daß ein Teil der Mittel dieses Fonds von der Erfüllung der Effektivitätskennziffer abhängig gemacht wird.

Abschließend sei vermerkt, daß man mit einigen Kennziffern die Tätigkeit der Erkundungsorganisation nach allen Gesichtspunkten — der gesellschaftlichen Effektivität, der Arbeitsqualität, der Entwicklung der Produktivität u. ä. — nicht darstellen kann. Die Bewertung der Tätigkeit einzelner Organisationen muß deshalb aus der Komplexanalyse nach den Jahres- und in manchen Fällen nach langjährigen Ergebnissen hervorgehen.

Über neue Möglichkeiten für Sucharbeiten mittels Strahlenmessung[1]

RICHARD ZEUCH, Berlin

Seit der vor 15 Jahren in den USA erfolgten Entwicklung tragbarer Szintillometer haben sich die Anwendungsmöglichkeiten der Strahlenmessung in der Lagerstättenprospektion ständig erweitert. Neue Möglichkeiten sind vor allem durch die in den letzten Jahren in verschiedenen Ländern hergestellten transportablen Impulshöhenanalysatoren entstanden, die es gestatten, das Energiespektrum der γ-Strahlung auch bei Geländemessungen zu analysieren.

Eine interessante neue Anwendung der integralen γ-Strahlenmessung schildert ZESCHKE [„Bergb.-Wiss.", 10 (1963), H. 10], der sie für die Sucharbeiten auf sedimentär gebildete „radioinaktive" Manganerzlager anwendet. Eine große Anzahl deszendenter Manganerzvorkommen zeichnet sich dadurch aus, daß über ihnen die γ-Strahlenintensität deutlich und lokal begrenzt unter dem background liegt (Strahlungstrichter). ZESCHKE deutet diese Strahlungstrichter als mit der Lagerstättengenese kausal verbundene Auslaugungszonen, in denen die radioaktiven Substanzen durch fließende Wässer ausgelaugt wurden. Ob auch Lager anderer sedimentärer Erze solche Strahlungstrichter aufweisen, ist noch unbekannt und ein nicht uninteressantes Objekt für die angewandte Forschung. Die systematische Messung der γ-Strahlenintensität von Proben verschiedener sedimentärer Lagerstätten unter Ausschaltung der kosmischen Strahlung dürfte diese Frage beantworten.

Zweckmäßigerweise wird man solche Testmessungen an Gesteinsproben γ-spektrometrisch durchführen, da einige Rohstofflager ggf. nicht integral „radioinaktiv" sind, sondern nur monochromatisch in einer der Komponenten K 40, Radium oder Thorium.

[1]) Eingang des Manuskripts in der Redaktion: 2. 3. 1964

Ein typisches Beispiel für einen solchen monochromatischen Strahlungstrichter über Lagerstätten stellen die Strahlungsminima über Kohlenwasserstofflagern dar. Dieser 1962 von BROWNELL, LUNDBERG u. a. entdeckte Effekt machte die Aeroradiometrie damals sehr schnell für die Erdölsuche interessant. Die Messungen wurden jedoch bis vor kurzem integral über das gesamte Gammaspektrum hinweg durchgeführt. Die mit dem Umfang der Messungen steigenden Fehlindikationen ließen dann bald die Frage nach einer lithologischen Korrektur laut werden. Außerdem reiften Vorstellungen über die Ursache der Strahlungsminima heran. Die Diskussion darüber ist zwar noch nicht abgeschlossen, aber klar ist bereits, daß ursächlich nur das Strahlungsminimum der Ra-Komponente mit dem Kohlenwasserstofflager zusammenhängt, während die Intensitäten der K40- und Th-Komponente mit dem Erdöl- oder Erdgaslager nichts zu tun haben.

Man kann die Bildung der Strahlungstrichter etwa folgendermaßen erklären: Die von der Lagerstätte vertikal migrierenden Kohlenwasserstoffe verändern den Chemismus der unterirdischen Wässer, die dadurch über der Lagerstätte befähigt werden, Radiumminerale als Chlorid oder Sulfid zu lösen. Die Folge ist, daß über dem Kohlenwasserstofflager die Radiumminerale ausgewaschen werden. In den Randzonen über der Lagerstätte werden die gelösten Radiumverbindungen ggf. wieder als unlösliches Radiumsulfat ausgefällt, wodurch sich die häufig beobachteten Radiumaureolen bilden.

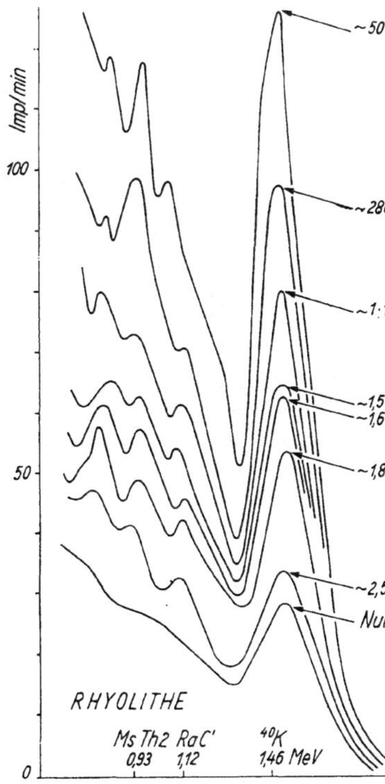

Abb. 1. γ-Spektrogramme und absolutes Alter von rhyolithischen Gesteinen (nach LAUTERBACH)

50 · 10^6a: Tertiärer Liparit (VR Ungarn)
280 · 10^6a: Quarzporphyr (Sachsen)
1 · 10^9a: Präkambrischer Rhyolith (Wisconsin)
1,5 · 10^9a: Asen-Porphyr
1,6 · 10^9a: Ostseeporphyr
1,8 · 10^9a: Algomaner Porphyr (Minnesota)
2,5 · 10^9a: Leptit (Schweden)

LAUTERBACH konnte 1963 nachweisen, daß die monochromatische Kartierung in einer Radiumlinie (er benutzte dafür die 1,12-MeV-Linie des RaC' im mittelenergetischen Bereich) mit Hilfe der γ-Spektrometrie zu eindeutigeren Ergebnissen über Kohlenwasserstofflager führt als die integrale γ-Messung. Die Intensität der gleichzeitig registrierten K40-Linie bei 1,46 MeV ist ein Maß für den Tonanteil und bildet die Grundlage

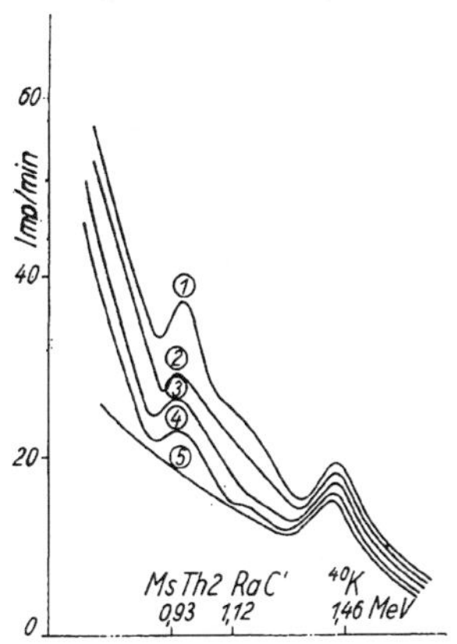

Abb. 2. γ-Spektrogramme basischer und ultrabasischer Gesteine mit relativ hohem Th-Gehalt (nach LAUTERBACH)

1 = Gediegenes Eisen im Basalt (Bühl bei Kassel)
2 = Olivin aus Basalt
3 = Deccantrapp (Indien)
4 = Dunit
5 = Nulleffekt

für die Reduktion auf einen lithologischen Normalwert. Stellt sich bei ersten Probemessungen heraus, daß die Intensitäten der K40-Linie und der Th-Linie im gesamten Untersuchungsgebiet nahezu konstant bleiben, dann kann eine integrale γ-Messung durchgeführt werden. Anderenfalls muß monochromatisch nur die Ra-Intensität kartiert werden.

Weitere neue Anwendungsmöglichkeiten der γ-Spektrometrie für die Lagerstättensuche werden von LAUTERBACH angegeben („Geophysik und Geologie", Folge 6, 1964). Dabei wird das γ-Spektrogramm als Indiz für die petrographische Charakteristik der Gesteine, deren Genese und ggf. deren Alter benutzt. Die sich daraus ergebenden Möglichkeiten sind dermaßen mannigfaltig, daß sie in vollem Umfang noch gar nicht abgeschätzt werden können. LAUTERBACH benutzt zur Aufnahme der γ-Spektrogramme eine relativ einfache Apparatur („Geophysik und Geologie", Folge 4, 1962), mit der er im mittelenergetischen Bereich des Spektrums die Intensität der MsTh2-Linien bei 0,91 und 0,97 MeV, der RaC'-Linie bei 1,12 MeV und der K 40-Linie bei 1,46 MeV als Charakteristika benutzt.

Fast jede Gesteinsart (aus dem magmatischen, sedimentären wie metamorphen Bereich) zeigt wenigstens in einer dieser Linien typische, z. T. allgemeine, z. T. provinziell wiederkehrende Einzelheiten. Von besonderem Interesse dürfte sein, daß sich metamorphe Gesteine auch bei starker Maskierung im Hinblick darauf bewerten lassen, ob sie sedimentärer oder magmatischer Herkunft sind.

Die Abb. 1 zeigt γ-Spektren einiger SiO_2-reicher Vulkanite (die große K40-Variation ist altersbedingt), die Abb. 2 die γ-Spektren einiger ultrabasischer Gesteine. Typisch sind die allgemein geringen Impulsdichten der ultrabasischen Gesteine. Vergleicht man damit die γ-Spektren der Basalte, die in Abb. 3 dargestellt sind, dann fällt sofort deren große Variationsbreite der Impulsdichte auf, die einerseits Werte wie bei sauren Magmatiten erreicht, zum anderen aber nur die Beträge ultrabasischer Gesteine. Noch nicht abgeschlossene Untersuchungen von Lauterbach zeigen, daß die hoch- bis mittelaktiven Basalte hybride Gesteine sind. Die basaltische Schmelze hat bei diesen in intensiver Wechselwirkung mit dem hochkrustalen Gestein gestanden. Bei schnell aufsteigenden Basalten blieb jedoch die Aufnahme von Stoff aus der oberen Kruste gering, woraus deren niedrige Aktivitätswerte resultieren. Man kann damit juvenile basaltische Gesteine recht gut als solche identifizieren. Da solche vorwiegend dort auftreten, wo Tiefenbrüche die Kruste durchsetzen, erlauben γ-spektrometrische Basaltuntersuchungen die Kartierung tiefreichender Lineamente der Erdkruste.

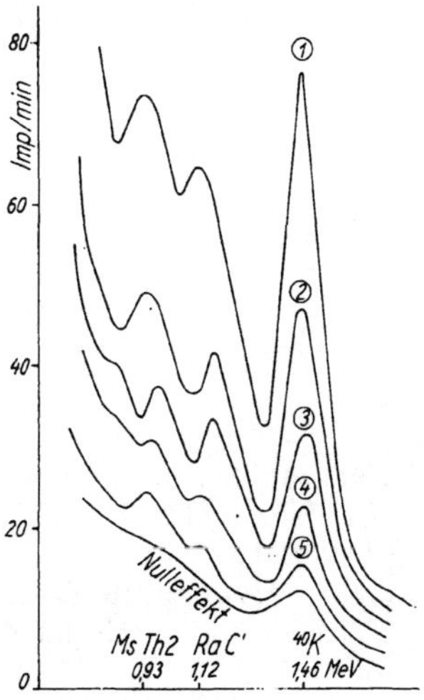

Abb. 3. γ-Spektrogramme von Basalten (nach Lauterbach)

1 = Leuzitbasalt (Vesuv)
2 = Nephelinbasalt (Eifel)
3 = Basalt von der Bouvet-Insel
4 = Rhön-Basalt
5 = Deccantrapp (Indien)

Für die Erzlagerstättensuche können γ-spektrometrische Untersuchungen von Bedeutung sein, weil sich die magmatische Differentiation durch die getrennte Verfolgung der Th-, Ra- und K40-Konzentration im plutonischen Bereich abgrenzen läßt. Man erhält dadurch Angaben über den Strukturbau der Plutone.

Bei Sedimentgesteinen ist das γ-Spektrogramm oft eine typische, über große Distanzen anhaltende Charakteristik, die von der Art und vom Alter des Gesteins abhängig ist. Die Abb. 4 zeigt einige γ-Spektrogramme terrestrischer Rotsandsteine mit altersbedingter K40-Variation. Für die Identifizierung fossilarmer Sedimente dürfte die γ-Spektrometrie daher eine wesentliche Hilfe sein.

Schließlich ist auch die Grobbestimmung des absoluten Gesteinsalters sowohl bei Sedimentgesteinen als auch bei sauren Vulkaniten mit Hilfe der Bestimmung der Intensität der K40-Linie möglich und für die Lagerstättensuche nicht ohne Bedeutung. Bisherige Untersuchungen von Lauterbach ergaben, daß sich besonders rhyolithische Gesteine für solche Untersuchungen eignen, da diese einen relativ einheitlichen primären K_2O-Gehalt aufweisen. Dieses Verfahren kann an Genauigkeit zwar nicht mit einer der üblichen Methoden zur absoluten Altersbestimmung konkurrieren, aber hinsichtlich Geschwindigkeit und Einfachheit dürfte es kaum zu überbieten sein. Von einem Handstück (auch Bohrkern), das weder zerstört noch aufbereitet zu werden braucht, kann in ca. 1 Stunde das absolute Alter grob bestimmt werden.[2])

Weitere neue Anwendungsmöglichkeiten der Strahlenmessung liegen bei γγ- und nγ-Messungen vor. Allgemein bekannt sind die γγ- und nγ-Messungen der Bohrlochgeophysik, wo erstere die Menge an Elektronen, letztere die Menge an H-Kernen pro Volumeneinheit angeben. Da die Elektronendichte in Gesteinen deren Gesamtdichte direkt proportional ist, wird die γγ-Messung bekanntlich für Dichtebestimmungen verwendet, während die nγ-Messungen meist für Porositätsbestimmungen dienen. Beide Verfahren sind aber in ihrer Nutzung modifizierbar.

Das γγ-Verfahren wird bereits seit Jahren bei Baugrunduntersuchungen für Dichtebestimmungen anstehender Gesteine eingesetzt. Verwendet man als γ-Strahlungsquelle ein Isotop mit sehr weicher Strahlung (Hg 203 oder Se 75), dann ist für die Schwächung der γ-Strahlung im Gestein neben dem der Elektronendichte proportionalen Compton-Effekt auch der Photoeffekt maßgebend, der vom Atomgewicht der im Gestein vorhandenen Elemente abhängig ist. Die γγ-Messung wird in diesem Fall für Schwermetalle selektiv (Woskoboinikow 1958). Hieraus ergeben sich Möglichkeiten für die Schwermineralsuche, insbesondere, wenn die γγ-Strahlung mit einem Impulshöhenanalysator spektral untersucht wird.

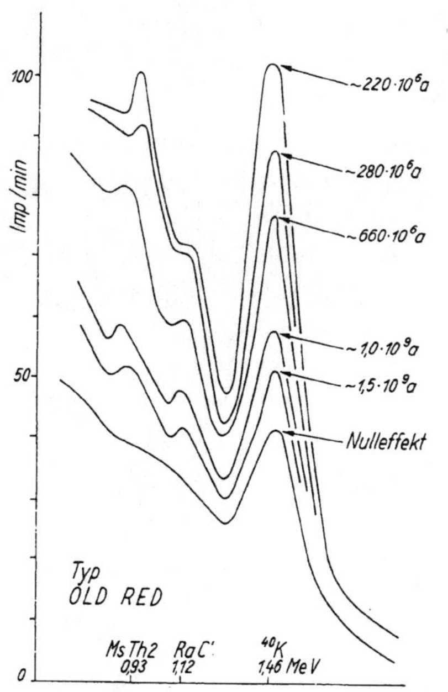

Abb. 4. γ-Spektrogramme und absolutes Alter roter terrestrischer Sandsteine (nach Lauterbach)

220 · 10^6 a: Buntsandstein
280 · 10^6 a: Rotliegend-Sandstein
660 · 10^6 a: Fish-River-Sandstein
1 · 10^9 a: Rotsandstein Keewenawan
1,5 · 10^9 a: Waterberg-Sandstein

[2]) Der Autor ist Herrn Prof. Dr. habil. R. Lauterbach für die freundliche Bereitstellung seiner z. T. noch unveröffentlichten Forschungsergebnisse zu Dank verpflichtet.

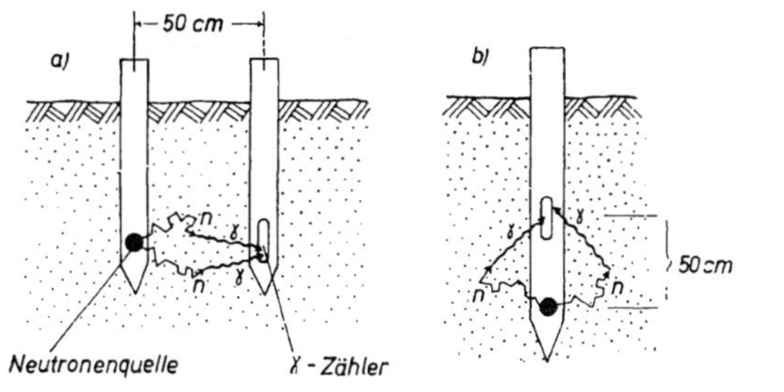

Abb. 5. Zwei prinzipielle Möglichkeiten zur Wassergehaltsbestimmung mit nγ-Messungen

Beim nγ-Verfahren wird das Gestein mit Neutronen beschossen und die Einfang-γ-Strahlung gemessen (PONTECORVO 1938). Die nγ-Strahlungsintensität ist von den Bremseigenschaften der Atomkerne des Gesteins, von deren Absorptionseigenschaften für langsame Neutronen (Einfangquerschnitt) und von den Absorptionseigenschaften des Gesteins für γ-Strahlung abhängig. Bei Gesteinen, die keine Elemente mit anomalen Neutronenabsorptionseigenschaften enthalten, ist für die nγ-Intensität in einer bestimmten Entfernung von der Quelle allein die dem Wasserstoffgehalt proportionale Bremseigenschaft des Gesteins für schnelle Neutronen verantwortlich.

Abgesehen davon, daß sich deshalb die nγ-Messung zur Porositätsbestimmung wassergesättigter, tonfreier Sandsteine eignet (Hauptanwendung in der Bohrlochgeophysik), kann die nγ-Messung aus diesem Grunde ausgezeichnet zur Wassergehaltsbestimmung von Böden benutzt werden. In der UdSSR wird dieses Verfahren neuerdings mit Erfolg in Steppengebieten eingesetzt, um Unterlagen für geplante Kultivierungsarbeiten zu erhalten.

Man verwendet dabei eine Meßanordnung, wie sie im Prinzip in Abb. 5 dargestellt ist. In 50 cm Abstand voneinander werden zwei Sonden etwa 1 m tief in den Boden getrieben, von denen die eine die Neutronenquelle und die andere einen γ-Zähler enthält. Die gemessene nγ-Intensität gibt bei entsprechender Eichung direkt den Wassergehalt des Bodens in der Meßtiefe an.

Berieselt man außerdem die Erdoberfläche mit einer abgemessenen Wassermenge, dann kann man durch weitere zeitäquidistante Ablesungen der nγ-Intensität ermitteln, in welcher Zeit welche Wassermenge versikkert. Man erhält dadurch Angaben über die Durchlässigkeit des Bodens, die für die Landwirtschaft nicht ohne Bedeutung sind.

Von Interesse dürfte auch die Messung des Wassergehalts in verschiedenen Tiefen sein. Unter günstigen Umständen kann daraus auf die Tiefe des Grundwasserspiegels geschlossen werden. Auf alle Fälle jedoch ist die Kenntnis der Änderung des Wassergehalts mit der Tiefe in Land- und Forstwirtschaft für die Wahl der Bepflanzung von Bedeutung.

Enthalten die oberen Bodenschichten Elemente mit anomalen Neutronenabsorptionseigenschaften (Dispersionshöfe von Erzlagern), z. B. Mangan, Kobalt, Wolfram, Quecksilber, Kadmium, Silber, Indium, Eisen, dann bewirken diese Elemente eine anomale nγ-Strahlungsintensität. Die nγ-Kartierung kann also erfolgreich für Sucharbeiten auf Lagerstätten von Rohstoffen angewandt werden, die eines dieser Elemente als Beimengung enthalten. So ist z. B. die Suche auf Zinkblendelager erfolgreich mit einer nγ-Kartierung möglich, da Zinkblende oft Kadmium als isomorphe Beimengung enthält. Zur exakten Ermittlung der Elemente mit anomalen Neutronenabsorptionseigenschaften ist allerdings meist die Anwendung der spektrometrischen Analyse der nγ-Strahlung erforderlich, auf alle Fälle jedoch, wenn Gehalte bestimmt werden sollen. Mit den modernen transportablen Impulshöhenanalysatoren bereitet dies jedoch keinerlei Schwierigkeit.

Auf Empfehlung der Staatlichen Geologischen Kommission der DDR wurde am I. Phys. Institut der Bergakademie Freiberg von LÖTZSCH ein Gerät zum quantitativen Fe-Nachweis mittels nγ-Messungen entwickelt, das in Suchbohrungen für sedimentäre Eisenerze Einsatz finden wird.

Eine sehr interessante Anwendungsmöglichkeit der Strahlenmessung in der Lagerstättensuche wurde vor

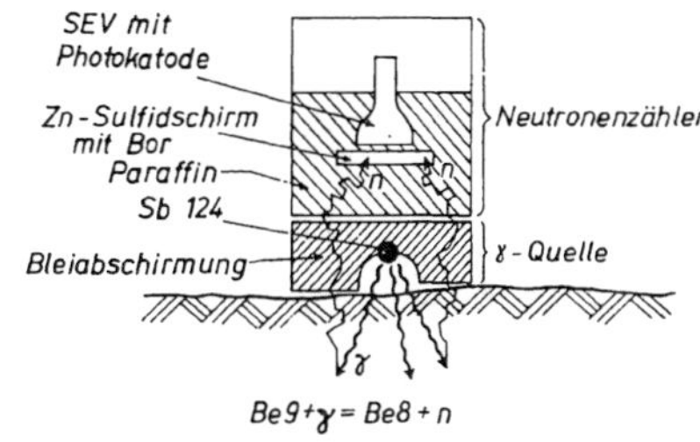

Abb. 6. Prinzip des Beryllometers

etwa fünf Jahren von BROWNELL und Mitarbeitern entwickelt und inzwischen hauptsächlich von amerikanischen Firmen mit Erfolg eingesetzt. Es handelt sich um ein neues Meßverfahren, das folgerichtig nunmehr als γn-Messung zu bezeichnen ist. Bei diesem Verfahren wird das Gestein mit harten γ-Strahlen beschossen, und gemessen wird die Dichte der dabei im Gestein entstehenden überthermischen Neutronen. Solche bilden sich nur, wenn im Gestein Beryllium vorhanden ist. Die Geräte werden deshalb von den Amerikanern zu Recht als Beryllometer bezeichnet. Sie gestatten den Nachweis von Beryllium im Gestein mit einer Nachweisgrenze von 0,05% BeO. Die Preise für die Geräte bewegen sich zwischen 2.000 und 5.000 US-$.

Als γ-Quelle wird das Antimonisotop Sb 124 benutzt, das bei einer Halbwertzeit von 60 Tagen eine Gebrauchsmöglichkeit von einigen Monaten garantiert. Danach muß es in einem Atomreaktor frisch aktiviert werden. Als Neutronenzähler dient ein Szintillometer mit einem borangereicherten Zinksulfidschirm. Zur Abbremsung der Neutronen auf thermische Geschwindigkeit ist das Szintillometer mit Paraffin umkleidet.

Die Berylliumprospektion hat nicht nur für die Suche nach Vorkommen von Berylliummineralen Bedeutung, sondern auch für eine große Anzahl anderer hochhydrothermaler und kontaktmetasomatischer Erzlager, die sehr häufig Be-Minerale enthalten.

Zeitschrift für angewandte Geologie, Bd. 10 (1964) Heft 8

Bohrlochmeßprogramme für Erdöl- und Erdgasbohrungen in den USA[1]

KLAUS LEHNERT, Gommern

Meßprogramme

Die bis etwa zum Jahre 1950 zur Bearbeitung von Erdöl- und Erdgasbohrungen allein verfügbaren konventionellen Widerstandsmeßverfahren wurden seither zunehmend durch fokussierte Widerstandsmeßverfahren ergänzt bzw. verdrängt. Die modernste Version des zur Bearbeitung von Sandsteinspeichern dienenden „induction electrical survey" umfaßt neben dem SP-Log und der im Bedarfsfall durch eine fokussierte Messung geringer Wirkungstiefe (LL-8) ersetzten Kleinen Normalsonde zwei Induktionslogs mittlerer und großer Wirkungstiefe, mit denen der Einfluß der Spülungsinfiltration gut berücksichtigt werden kann. Je nach der Natur der untersuchten Gesteine wird das Meßprogramm durch Gamma-, Akustik- und/oder Mikrolog ergänzt. Neben der lithologischen Gliederung gestattet dieses Programm die quantitative Bestimmung der Wassersättigung, eine Abschätzung des Sand-Ton-Verhältnisses (aus SP- oder Mikrolog) und die Porositätsbestimmung aus dem Akustiklog, sofern dieses registriert wurde. Die Auswertung geschieht mittels Nomogrammen.

Genauere Ergebnisse liefert ein unter der Bezeichnung „grand slam" eingeführtes Meßprogramm, das vier verschiedene fokussierte Widerstandsmeßsysteme umfaßt. Die größere Genauigkeit hinsichtlich der Bestimmung der Wassersättigung rührt daher, daß der Infiltrationseinfluß genau erfaßt wird und daß infolge alleiniger Verwendung von Widerstandsmessungen schwer zu berücksichtigende Variationen des sogenannten Zementationsexponenten eliminiert sind, der bei manchen sonst üblichen Meßprogrammen geschätzt werden muß.

In Bohrlöchern mit Ölspülung werden SP-Log, Kleine Normalsonde und Laterolog durch andere, auch in nichtleitender Spülung ausführbare Verfahren ersetzt; z. B. umfaßt das Programm zwei Induktionslogs, Akustik-, Gamma- und Gamma-Gamma-Log.

Die erfolgreiche bohrlochgeophysikalische Bearbeitung karbonatischer Speicher — vor allem in dem ungünstigsten Fall des mit Salzspülung gefüllten Bohrlochs — wurde erst mit Einführung des Laterologs (bzw. Guard Log, Focuslog usw.) ermöglicht. Als optimales Meßprogramm, das je nach den Anforderungen erweitert werden muß, kann heute die Kombination Laterolog + Mikrolaterolog + Akustiklog (± Gamma-Gamma-, ± Gammalog) angesehen werden. Noch immer bestehen Schwierigkeiten bei der Erlangung genauer Werte der gesuchten Parameter, nämlich Nutzporosität und Wassersättigung, daneben mineralische Zusammensetzung und Restölsättigung; diese Mängel werden wohl auf lange Sicht nicht restlos zu überwinden sein. Hauptsächlich wird dies durch den inhomogenen Aufbau der meisten Kalksteine und Dolomite verursacht: Vertikale und horizontale kleinräumige Variationen der Speichereigenschaften und der mineralischen Zusammensetzung bedingen ebensolche Variationen des Formationsfaktors, der Infiltrationstiefe und Benetzbarkeit, unterschiedlicher Restölsättigung usw. Enorme Permeabilitäten können an Klüfte und Kavernen gebunden sein, die sich durch Bohrlochmessungen kaum nachweisen lassen. Ein wesentlicher Mangel ist auch die beschränkte, aus technischen Gründen nicht beliebig steigerungsfähige Wirkungstiefe des Laterologs. — Die früher zur Porositätseinschätzung verwendeten Neutronenverfahren haben sich als äußerst anfällig gegen Änderungen der mineralischen Zusammensetzung karbonatischer Speicher erwiesen und werden nur beschränkt eingesetzt. Dagegen haben die Neutronenverfahren in Form des „Chlorlog" (bzw. „chlorinilog, salinity log") und „dual spaced neutron log" neue Anwendungsgebiete gefunden, die die durch die Neutronenphysik eröffneten Möglichkeiten besser ausnutzen, als dies bei der Porositätsbestimmung der Fall ist.

Wassersättigung

Das sichere Auffinden aller öl- und gasproduzierenden Horizonte, möglichst auch die quantitative Bestimmung ihrer Wasser- bzw. Kohlenwasserstoffsättigung, ist das Hauptanliegen der Bohrlochmessung in Erdöl- und Erdgasbohrungen. Derartige Untersuchungen laufen noch immer darauf hinaus, Zonen aufzufinden, deren spezifischer Widerstand R_t um ein Mehrfaches über dem Widerstand R_0 liegt, den die gleiche Zone bei 100%iger Wassersättigung besitzen müßte. Die Wassersättigung S_w ist eine Funktion des „Widerstandsindexes" $i = R_t/R_0$, den man aus Bohrlochmessungen zu bestimmen oder wenigstens abzuschätzen bemüht ist. Relativ am schwierigsten ist dabei die Ermittlung von R_0. Während R_t durch Widerstandsmessungen genügender Wirkungstiefe gemessen wird, muß R_0 indirekt erschlossen werden, z. B. durch Messung des spezifischen Widerstandes der Infiltrationszone mittels Kleiner Normalsonde, Mikrolaterolog, Proximitylog oder aus dem Meßwert des Akustiklogs (aus der Intervallaufzeit Δt wird die Porosität, daraus der Formationsfaktor und daraus durch Multiplikation mit dem spezifischen Widerstand des Schichtwassers ein Richtwert für R_0 errechnet). Bevorzugt wird die Umgehung der R_0-Bestimmung durch graphische Gegenüberstellung der Meßwerte tief eindringender Widerstandsverfahren mit den Intervallaufzeiten des Akustiklogs („sonic-resistivity plot") — erstere auf hyperbolisch geteilter Ordinate, letztere auf linear geteilter Abszisse —, wobei dem Diagramm die Geraden für verschiedene Wassersättigungen zwischen 0 und 100% eingezeichnet sind. Wendet man dieses Verfahren sowohl auf Laterolog- wie auf Mikrolaterologwerte an, so lassen sich die Wassersättigungen sowohl im tieferen, nichtinfiltrierten Gebirge wie auch in der Infiltrationszone bestimmen; deren Differenz ist das „movable oil" (bzw. „movable gas"), also der durch die infiltrierte Spülung bewegte Anteil der totalen Kohlenwasserstoffsättigung. Dieser entspricht annähernd der bei der Produktion gewinnbaren Kohlenwasserstoffsättigung, die ja, vom Produktionsstandpunkt aus gesehen, viel wichtiger ist als die gesamte, nur zum Teil gewinnbare Ölsättigung des Gesteins.

Für solche Interpretationen wurden einfach zu handhabende Nomogramme und Vordrucke entwickelt. Auch sind digitalisierte Bohrlochmessungen bereits verschiedentlich durch Elektronenrechner (Computer) automatisch ausgewertet worden; bei einem Versuch dieser Art wurden die Meßwerte durch Fernschreiber dem weit entfernten Rechner zugeführt. Die automatische Auswertung wird noch als nicht rentabel betrachtet. Ihre Vorteile werden jedoch wirksam, wenn die Messungen von vornherein digital registriert sind; sie bestehen hauptsächlich darin, daß lange Meßstrecken in kürzester Zeit interpretiert werden können, ohne daß dabei Zonen ausgelassen werden müssen. Der Geophysiker dagegen muß sich zwangsläufig auf die Untersuchung einzelner, visuell „interessant" erscheinender Zonen beschränken.

Neben der Anwendung quantitativer Interpretationsverfahren der beschriebenen Art ist man bemüht, potentiell produktive Zonen übersichtsmäßig zu lokalisieren und auch dem Nichtfachmann sichtbar zu machen. Das Suchen nach Widerstandserhöhungen reicht dazu nicht mehr aus. Hierfür werden die sogenannten „R_{wa}-" und „F_R/F_S-Methoden" empfohlen. Beide bestehen in der punktweisen Konstruktion der Quotienten aus Widerstandsmeßwerten und den aus dem Akustiklog abgeleiteten Formationsfaktoren, ausgeführt etwa in Fuß- oder Meterabständen über größere Meßstrecken ohne Rücksicht auf lithologische Änderungen. Diese Quotienten werden als Kurvenzüge aufgetragen, sie stellen den scheinbaren Schichtwasserwiderstand (Apparent Resistivity of connate Water, daher R_{wa}) dar; kohlenwasserstoffhöffige Zonen zeichnen sich durch mehr oder weniger deutliche Erhöhungen über das allgemeine Niveau aus und können dann einer genaueren Untersuchung unterzogen werden.

[1]) Eingang des Manuskripts in der Redaktion: 14. 5. 1964

Zeitschrift für angewandte Geologie, Bd. 10 (1964) Heft 8

Porosität und mineralische Zusammensetzung

Die bekannten Verfahren der Porositätsbestimmung kranken sämtlich daran, daß sie nicht nur auf die Porosität, sondern auch auf die Mineralkomposition des Gesteinsskeletts ansprechen. Der Meßwert der einzelnen Verfahren setzt sich aus einer Reihe von Termen für die gesteinsaufbauenden Minerale und die Porosität p zusammen. Zum Beispiel gelten für die mit dem Akustiklog gemessene Intervallzeit Δt und die mittels Gamma-Gamma-Log gemessene Dichte d, wenn das Gestein — wie aus der dritten Gleichung ersichtlich — aus zwei gesteinsbildenden Mineralen und Porenraum besteht, folgende vereinfachte Gleichungen:

$$\begin{aligned} \Delta t &= \Delta t_p p + \Delta t_a A + \Delta t_b B \\ d &= d_p p + d_a A + d_b B \\ 1 &= p + A + B \end{aligned}$$

Darin bedeuten die mit Indizes versehenen Δt und d die Intervallaufzeiten bzw. Dichten der Minerale A und B und der Porenflüssigkeit allein. p, A und B sind die Anteile des Porenraums bzw. der Einzelminerale an einem Einheitsvolumen des Gesteins.

Wie eine Reihe in letzter Zeit veröffentlichter Arbeiten zeigt, ist man aus den angeführten Gründen dort, wo es auf genaue Porositätsbestimmungen ankommt, davon abgegangen, die Porosität aus *einem* Bohrlochmeßverfahren zu bestimmen (sonst gibt man der Porositätsbestimmung aus dem Akustiklog, neuerdings auch aus der in Dichteeinheiten geeichten Gamma-Gamma-Kurve den Vorzug vor anderen Möglichkeiten). Vielmehr wendet man einen Komplex von Meßverfahren an — im Minimum ebensoviele, wie wichtigste Mineralkomponenten im Gestein vertreten sind — und bestimmt aus deren Meßwerten die Porosität *und* die Gehalte an diesen Komponenten durch Auflösung eines dem obigen entsprechenden Gleichungssystems für jeden interessierenden Punkt des Profils. Hat man z. B. Gamma-Gamma- und Akustiklog gemessen, so werden d und Δt abgelesen, in dieses Gleichungssystem eingesetzt, und p, A und B lassen sich errechnen, da die übrigen Unbekannten einschlägigen Tabellen entnommen werden können. Im Ergebnis erhält man ein Porositäts- und ein mineralogisches Profil. Die praktische Ausführung geht natürlich auch hier nicht rechnerisch vor sich, sondern es wird ein einfaches, in ein (d, Δt)-Koordinatensystem eingezeichnetes Dreikomponentendiagramm, wie es aus der Petrographie und Mineralogie bekannt ist, benutzt, im beschriebenen Fall also ein p–A–B-Dreieck. A und B können z. B. Anhydrit und Dolomit oder Sand und Tonsubstanz sein. Die Schwierigkeiten nehmen zu, wenn sich die Anzahl der Mineralkomponenten vergrößert. Erstens kann dabei nicht mehr mit Dreiecksdiagrammen gearbeitet werden, man ist auf die rechnerische Lösung angewiesen, wobei moderne Rechenmaschinen eingesetzt werden. Andererseits ist die Anzahl der verfügbaren Meßverfahren begrenzt.

Schichtneigungsmessungen

„Dip logs", ausgeführt mit kontinuierlich arbeitenden Geräten und schon in fortgeschrittenem Maße durch spezielle Analogrechner automatisch ausgewertet, dienen dem Geologen zur Strukturuntersuchung und zur Erkennung von Störungen, Transgressionsflächen usw. im Bohrprofil. In der modernsten Form werden alle Meßgrößen kontinuierlich registriert, automatisch ausgewertet und die Ergebnisse mittels eines „arrow printer" gedruckt, der bei dichter Folge der untersuchten Punkte eine graphische Darstellung liefert, die den Schichtenbau und seine Störungen ausgezeichnet erkennen läßt und darüber hinaus an jeder Stelle Fallen und Streichen abzulesen gestattet.

Methodik der ingenieurgeologischen Bemusterung der Gesteine[1]

N. W. KOLOMENSKI, Moskau

Wie die Erfahrungen bei den ingenieurgeologischen Untersuchungen zeigen, ist die Bestimmung der Kennwerte der ingenieurgeologischen Eigenschaften der Gesteine für die Lösung folgender Aufgaben notwendig:

1. zur Bestimmung der vorteilhaftesten Berechnungskennwerte der ingenieurgeologischen Eigenschaften der Gesteine;
2. für eine Prognose der geologisch-physikalischen Erscheinungen und der ingenieurgeologischen Prozesse sowie zur Ermittlung ihrer Ursachen;
3. für die Begründung der zu wählenden Maßnahmen gegen ungünstige geologisch-physikalische Erscheinungen und ingenieurgeologische Prozesse.

Das Endziel der ingenieurgeologischen Bemusterung der Gesteine ist somit, zuverlässige Kennwerte für die technisch-physikalischen Eigenschaften der Gesteine zu erhalten, die eine ökonomische Projektierung und Ausführung sowie Sicherheit und Dauerhaftigkeit der Bauten gewährleisten. Hierfür kommen in den einzelnen Teilnehmerländern des RgW verschiedene Typen stationärer Geräte und ingenieurgeologischer Feldlaboratorien und eine große Anzahl verschiedenartiger ortsbeweglicher Feldeinrichtungen zur Anwendung. Die Typen dieser in den Mitgliedsländern des RgW hergestellten Geräte unterscheiden sich in vielen Fällen sehr voneinander. Die Vereinheitlichung der in den Mitgliedsländern des RgW bei den ingenieurgeologischen Untersuchungen verwendeten Methoden und Apparaturen wird ermöglichen:

1. die Erfahrungen bei der ingenieurgeologischen Erforschung der verschiedenen Regionen zu systematisieren und zu verallgemeinern und regionale ingenieurgeologische Gesetzmäßigkeiten zu erkennen;
2. die massenweise Herstellung der rationellsten Typen der Labor- und Feldausrüstungen und -apparaturen in die Wege zu leiten und zu verbilligen;
3. den Austausch technischer Erfahrungen zwischen den Spezialisten der Mitgliedsländer des RgW zu verbessern;
4. die Grundlage für eine weitere internationale Vereinheitlichung der ingenieurgeologischen Untersuchungsmethoden auszuarbeiten.

Dies alles wird zu einer Beschleunigung, Verbilligung und gesteigerten Zuverlässigkeit der ingenieurgeologischen Prognosen führen.

Zur Erreichung der obengenannten Ziele ist nicht nur eine Vervollkommnung der Methoden zur labormäßigen und feldmäßigen Bestimmung von Kennwerten der ingenieurgeologischen Gesteinseigenschaften notwendig, sondern auch die Beachtung einer ganzen Reihe miteinander im Zusammenhang stehender Bedingungen. Es sei darauf hingewiesen, daß die Ignorierung auch

[1]) Eingang des Manuskripts in der Redaktion: 26. 2. 1963
Übers.: A. THOMAS

nur einer dieser Bedingungen, wie es in der Praxis der ingenieurgeologischen Untersuchungen oft beobachtet wird, zu falschen Vorstellungen über die Natur der Gesteinseigenschaften und der zu untersuchenden Erscheinungen sowie zu unnützem Geld- und Zeitaufwand führt.

Der Prozeß der ingenieurgeologischen Bemusterung der Gesteine besteht aus sechs miteinander verbundenen und das Endresultat bestimmenden Arbeitsgängen:

1. Bestimmung der Art und des Ortes der Probenahme;
2. Probenahme;
3. Aufbewahrung (Konservierung der Proben;
4. Vorbereitung der Proben;
5. Analyse der Proben unter laboratoriumsmäßigen und feldmäßigen Bedingungen;
6. Bearbeitung der experimentellen Daten.

Nur die richtige Durchführung jeder dieser Operationen gewährleistet zuverlässige Endresultate.

Die Bestimmung der Art und des Ortes der Probenahme

Sie umfaßt die Lösung zweier Fragen:

1. Anordnung der Aufschlußarbeiten im Plan und im Schnitt;
2. Bestimmung der Entnahmestellen der Proben im Vertikalschnitt, wodurch auch die Menge der Proben festgelegt ist.

Die Bestimmung des Systems und der Stellen der Probenahme hängt ab von

den Zielen der Untersuchung (Studium von Rutschungen, Untersuchungen für Straßen, hydrotechnische Anlagen und dergleichen),

dem Typ der Bauten (Kanal, Wasserkraftwerksgebäude, Wohnhaus u. a.),

den Projektierungsstadien (wobei in den frühen Stadien beim Ansetzen der Aufschlußarbeiten die geomorphologischen und tektonischen Bedingungen und in den späteren Stadien die Abmessungen der Bauwerke und die Mächtigkeit der aktiven Zone zu berücksichtigen sind),

der lithographisch-petrographischen Zusammensetzung der Gesteine,

der Mächtigkeit der den natürlichen Untergrund bildenden Schichten (bei mächtigen Zwischenschichten einheitlicher Gesteine werden Proben seltener, bei häufigerem Wechsel der Schichten werden Proben öfter entnommen).

Bei der Festlegung der Anzahl an Proben, die zur Bestimmung der Kennwerte der technisch-physikalischen Gesteinseigenschaften zu entnehmen sind, ist es zweckmäßig, sich von folgenden Erwägungen leiten zu lassen:

1. In den ersten Untersuchungsstadien wird der überwiegende Teil der Proben für die Ermittlung der Klassifikationswerte entnommen, nach denen die Typisierung der Gesteine entsprechend ihren ingenieurgeologischen Eigenschaften erfolgt. Die direkten (in die Berechnungsformel eingehenden) Kennwerte werden an Einzelproben bestimmt, die man aus denjenigen Gesteinstypen entnimmt, die nach den Klassifikationsmerkmalen ausgesondert worden sind. Tab. 1 zeigt des Schema einer Einteilung der Gesteinseigenschaften in Klassifikationskennwerte und direkte Kennwerte.

Die Anzahl der zur Bestimmung der Klassifikationskennwerte notwendigen Proben beträgt zwischen 10 und 25% der Anzahl an geologischen (Dokumentations-) Mustern und ist von der Kompliziertheit des geologischen Baues und dem Wichtigkeitsgrad des Bauwerks abhängig, die in jedem Falle von Ingenieurgeologen unter Berücksichtigung der konkreten Bedingungen bestimmt werden.

Die geologischen (Dokumentations-) Muster werden im Mittel pro Meter für jeden Gesteinstyp entnommen.

2. In den Stadien der detaillierten Untersuchungen für konkrete Bauvorhaben entnimmt man den überwiegenden Teil der Proben zur Bestimmung der (in die Berechnungsformeln eingehenden) direkten Kennwerte. Ihre Anzahl beträgt 10 bis 25% der geologischen (Dokumentations-) Proben, je nach der geologischen Kompliziertheit des natürlichen Baugrundes. Für die ingenieurgeologische Beurteilung des natürlichen Untergrundes wichtiger Anlagen (Talsperren mit mittlerer und hoher Kapazität, Wasserkraftwerksgebäude u. a.) empfiehlt es sich, für jede ingenieurgeologische Einheit 25 bis 30 Proben zu entnehmen, um zuverlässige Mittelwerte errechnen zu können.

3. Die Verteilung der Probenahmestellen soll innerhalb einer ingenieurgeologischen Einheit sowohl in der Flächenausdehnung als auch nach der Tiefe annähernd gleichmäßig, aber nicht gesetzmäßig (also nicht nach einem regelmäßig geometrischen Netz) erfolgen.

Tabelle 1

Bezeichnung der Kennwerte	Anwendung der Kennwerte	Beispiele für die Kennwerte	Anwendungsgebiete der Kennwerte
Klassifikationskennwerte	Für die erste Einteilung und den Vergleich der Gesteinstypen miteinander nach objektiven Merkmalen	Kennwerte der Bildsamkeit, der granulometrischen Zusammensetzung u. a.	In allen Fällen und besonders bei der Aufnahme in allen Maßstäben
Indirekte Kennwerte	Für eine angenäherte Einschätzung der Gesteinseigenschaften auf Grund vergleichbarer Abhängigkeiten zwischen indirekten und direkten Kennwerten	Feuchtigkeit, Porosität, Bildsamkeit u. a.	In allen Fällen und bei der großmaßstäblichen Kartierung
Direkte Kennwerte	Für die endgültigen Berechnungen der Bauwerke; sie gehen unmittelbar in die Berechnungsformel ein.	Kennwerte der Zusammendrückbarkeit, des Scherwiderstandes u. a.	In den letzten Untersuchungsstadien und in geringem Maße bei der großmaßstäblichen Kartierung

Tabelle 2

Lfd. Nr.	Kennwert der Gesteinseigenschaft	Art der Probenahme: Punktprobe	Monolithprobe	Schlitzprobe	Aufreißprobe	Bruttoprobe
1.	Spezifisches Gewicht	+	+	+	+	+
2.	Ausmaß und Form der Körner	+	+	+	+	+
3.	Rohdichte von Gesteinen mit gestörter Struktur	+	+	+	+	+
4.	Rohdichte von Gesteinen mit natürlicher Struktur	+	+	+	+	+
5.	Feuchtigkeit	+	+	+	+	+
6.	Plastizität	+	+	+	+	+
7.	Salzgehalt	+	+	+	+	+
8.	Gehalt an organischer Substanz	+	+	+	+	+
9.	Quellbarkeit von Gesteinen mit gestörter Struktur	+	+	+	+	+
10.	Quellbarkeit von Gesteinen mit natürlicher Struktur	+	+	–	–	–
11.	Zerdrückungswiderstand	+	+	–	–	–
12.	Filtrationskoeffizient von Gesteinen mit gestörter Struktur	+	+	+	+	+
13.	Filtrationskoeffizient von Gesteinen mit natürlicher Struktur	+	+	–	–	–
14.	Zusammensinkbarkeit	+	+	–	–	–
15.	Scherwiderstand für Gesteine mit gestörter Struktur	+	+	+	+	+
16.	Scherwiderstand für Gesteine mit natürlicher Struktur	+	+	–	–	–
17.	Zusammendrückbarkeit von Gesteinen mit gestörter Struktur	+	+	+	+	+
18.	Zusammendrückbarkeit von Gesteinen mit natürlicher Struktur	+	+	–	–	–

Probenahme

Für die Probenahme müssen vor allem zwei Aufgaben gelöst sein:

a) Die Methode der Probenahme muß richtig vorgeschrieben werden;
b) die rationellsten technischen Verfahren der Probenahme müssen festgelegt sein.

Für die Anwendung der einen oder anderen Methode der Probenahme für die ingenieurgeologische Beurteilung der Gesteine sind folgende Faktoren maßgebend:

1. Die Art des Kennwertes und der vorhandenen Methoden zu seiner Bestimmung.

So ist z. B. die Bestimmung des Scherwiderstandes eines Gesteins mit natürlicher Struktur nur an einem Gesteinsmonolithen möglich, während sich die Ermittlung der durchschnittlichen Kornzusammensetzung des Gesteins sowohl an einer monolithischen als auch an einer Schlitzprobe durchführen läßt.

In Tab. 2 ist durch Kreuze angegeben, welche der verschiedenen Methoden je nach der Art der Kennwerte und in Anbetracht der für die Bestimmung dieser Kennwerte gegenwärtig zur Verfügung stehenden Laborverfahren angewendet werden können.

Es muß besonders hervorgehoben werden, daß es infolge der Vervollkommnung der Methoden zur Bestimmung der Kennwerte der Gesteinseigenschaften auch möglich geworden ist, bisher nicht benutzte Methoden der Probenahme anzuwenden. Die Vervollkommnung der Methode durch N. W. KOLOMENSKI (1956a) ermöglichte die Bestimmung der Rohdichte der Gesteine mit natürlicher Struktur (folglich auch der natürlichen Porosität) mit Hilfe des Schlitzprobeverfahrens. Das von A. I. SCHEKO (1956) angewandte Besprühen der Schurfwände mit in Azeton gelöster Zellulose und in der DDR die Verwendung spezieller Gummihäute ermöglichten die Bestimmung der Rohdichte eines Gesteins durch die Probenuntersuchung mittels Aufreißprobe und Bruttoprobe.

2. Die Zweckbestimmung des Kennwertes, die von der Verteilung der durch die Bauten verursachten Spannungen im Gestein abhängt.

So ist z. B. für die Bestimmung des Scherwiderstandes einer geringmächtigen Gesteinszwischenschicht, längs der der Schub eines Bauwerkes stattfinden kann, nur die Untersuchung mit Punktproben anzuwenden, während hier eine Schlitzprobe gänzlich unzulässig wäre. Noch ein anderes Beispiel sei angeführt: Wird zur Berechnung des Druckes auf Stützwände der Kennwert für die Gesteinsdichte, die Rohdichte, erforderlich, so ist das Schlitzprobenverfahren am zweckmäßigsten.

3. Die Eigenschaften und der Zustand der Gesteine.

Zur Bestimmung der Rohdichte stark verwitterter Gesteine, von tonigen Schuttanhäufungen (z. B. bei gewissen Rutschungskörpern) und anderen ähnlichen Gesteinstypen kommt einzig nur die Methode der Entnahme von Bruttoproben (in der Modifikation der DDR, von A. I. SCHEKO u. a.) in Frage.

4. Der Typ der bergmännischen Aufschlüsse[2]).

Dieser ist gewissermaßen von den Untersuchungsstadien abhängig, da in den verschiedenen Untersuchungsstadien auch verschiedene Typen der bergmännischen Aufschlüsse zur Anwendung kommen.

Je nach dem Typ der bergmännischen Aufschlußarbeiten (in Schürfen, Stollen, Schächten usw. ist ein unmittelbarer Zugang durch den Menschen sowie die Anwendung beliebiger Methoden zur Probenahme möglich; in Bohrlöchern kommen nur einige Geräte zur Anwendung, z. B. die Probenentnahmegeräte „Gruntonos", Kernentnahmegeräte usw.), ferner nach der Zusammensetzung und nach dem Zustand der Gesteine sowie entsprechend den ingenieurgeologischen Bedingungen werden die technischen Verfahren der Gesteinsprobenahme bestimmt. In Anbetracht dessen, daß die Unversehrtheit der natürlichen Struktur und Feuchtigkeit der Proben von den Abmessungen der Probenahmegeräte und Kernentnahmegeräte, vom Verhältnis ihrer Durchmesser zu den Wandstärken, der Art des Eindringens (Einrammen, Eindrücken, Einschrauben, Einschneiden), von der Abteufungsart (Größe des Bohrsohlendrucks, Umdrehungen des Gerätes in der Minute usw.) abhängen, muß unter den jeweiligen ingenieurgeologischen Bedingungen das effektivste Verfahren der Probenahme angewandt werden.

[2]) Anmerkung des Übersetzers: Bergmännische Aufschlüsse umfassen nach der sowjetischen Terminologie auch Bohrungen und Schürfe.

Da es zur Zeit noch keine einheitliche Auffassung in der Anwendung der verschiedenen Methoden und technischen Verfahren der Probenahme in bezug auf die typischen ingenieurgeologischen Verhältnisse gibt, ist es erforderlich, folgendes durchzuführen:

a) Zu Beginn der ingenieurgeologischen Untersuchungen muß in dem betreffenden Gebiet versuchsweise eine ingenieurgeologische Aufschlußarbeit durchgeführt werden, in deren Verlauf die zur Anwendung bestimmte Apparatur und die verschiedenen Abteufungsarten erprobt werden, um die besten technischen Verfahren der Probenahme unter den konkreten Bedingungen des zu untersuchenden Gebietes zu bestimmen und sie bei allen übrigen Aufschlußarbeiten anzuwenden.

b) Die in den verschiedenen Institutionen und Ländern hinsichtlich der Probenahme unter den verschiedenen ingenieurgeologischen Bedingungen vorliegenden Erfahrungen müssen verallgemeinert werden, wobei die Methode der ingenieurgeologischen Analogien anzuwenden ist.

Die Konservierung der Proben

Bei der Aufbewahrung (Konservierung) der Proben mit ungestörter Struktur und natürlicher Feuchtigkeit muß eine der nachfolgenden Methoden benutzt werden:

1. Schaffung einer der Oberfläche des Musters dicht anliegenden luft- und wasserdichten Hülle um jede Probe. Für solche Hüllen können im Wechsel Schichten von Paraffin und Mull, Wachs, Paraffin- und Kolophoniumgemisch, MENDELEJEW-Kitt, Goudron, Zellophanhüllen u. a. benutzt werden.
2. Aufbewahrung der Proben in hermetischen metallischen oder Plastezylindern, die der Oberfläche der Muster dicht anliegen.

Da auch bei sorgfältiger Konservierung im Laufe der Zeit eine Störung der Struktur und der natürlichen Feuchtigkeit eintritt, ist es notwendig, von Zeit zu Zeit einzelne ausgewählte Proben aufzumachen und auf ihre Unversehrtheit zu prüfen. Die Termine der Überprüfungen sind auf Grund von Erfahrungen und entsprechend den örtlichen klimatischen Besonderheiten und Aufbewahrungsbedingungen der Proben festzulegen.

Die Vorbereitung der Proben

Zur Zeit werden für die Vorbereitung der Proben vor der Analyse verschiedene Methoden benutzt, die im wesentlichen darauf hinauslaufen, den Proben Formen und Ausmaße zu geben, die den zur Anwendung kommenden Apparaturen und Geräten entsprechen, wobei der Umfang der Proben auf die unbedingt erforderlichen Maße verringert wird. Es muß bemerkt werden, daß in dem Maße, wie die Methoden der Bemusterung vervollkommnet oder neue eingeführt werden, auch die Verfahren der Probenzubereitung zu vervollkommnen sind. So wird z. B. die Verwendung von Aufreißproben und Bruttoproben für die Bemusterung auch eine Änderung der Methoden zur Reduzierung der Proben nach sich ziehen. In diesen Fällen ist insbesondere die Möglichkeit nicht ausgeschlossen, solche Typen von Zerteilungsmaschinen zu benutzen, wie sie bei der Bemusterung von Lagerstätten nutzbarer Bodenschätze angewendet werden.

Die Analyse der Proben

Unter Analyse der Proben versteht man hier die Vorgänge zur Gewinnung der erforderlichen Kennwerte der ingenieurgeologischen Eigenschaften der Gesteine.

Gegenwärtig kann man eine sehr große Vielfalt an Methoden und Geräten zur Bestimmung der ingenieurgeologischen Eigenschaften der Gesteine beobachten; es sind aber doch noch nicht genügend Vergleichsuntersuchungen durchgeführt worden, aus denen die Vorzüge dieser oder jener Methoden oder Geräte zu ersehen sind. Um jedoch zu einer Vereinheitlichung der im Laboratorium angewandten Methoden für die Bestimmung der häufigsten, serienmäßigen Kennwerte der ingenieurgeologischen Gesteinseigenschaften zu kommen, können schon heute prinzipielle Grundsätze für die Methodik der Ermittlung dieser Kennwerte und die wichtigsten Dimensionen der dafür zu verwendenden Geräte empfohlen werden. Da diese Frage noch nicht genügend behandelt worden ist, können solche Empfehlungen zur Zeit nur für einige wichtige Kennwerte der ingenieurgeologischen Gesteinseigenschaften gegeben werden.

Die Empfehlungen können wie folgt zusammengefaßt werden:

1. Die Bestimmung der Feuchtigkeit der Gesteine (mit Ausnahme der Gesteine, die eine bedeutende Menge organischer Reste enthalten) soll durch die Methode des Trocknens bei 100—105 °C und der Einwaage auf der technischen Waage mit einer Genauigkeit von 0,01 g erfolgen. Die Probe muß mindestens 10 g wiegen. Das Ergebnis wird mit einer Genauigkeit von 0,1% angegeben.

Bemerkungen: a) Die Feuchtigkeit der organische Reste enthaltenden Gesteine wird mittels Spezialmethode bestimmt.

b) Bei Rekognoszierungsuntersuchungen sind andere vereinfachte Methoden zur Bestimmung der Feuchtigkeit zulässig.

2. Die Bestimmung der Reindichte der Gesteine (mit Ausnahme solcher, die organische Reste enthalten) geschieht durch die pyknometrische Methode (im Kolben) unter Verwendung destillierten Wassers. Das Fassungsvermögen des Pyknometers (des Kolbens) soll nicht unter 100 ml betragen. Die Entfernung der Luft aus dem Gestein erfolgt durch Kochen nicht unter 30 min bei Sand und nicht unter 1 Std. bei Lehm und Ton. Die Einwaage wird auf der technischen Waage mit einer Genauigkeit von 0,01 g durchgeführt. Das Ergebnis wird mit einer Genauigkeit von 0,01 g/cm^3 angegeben. Für jede Gesteinsprobe werden zwei parallele Bestimmungen ausgeführt. Die Differenz zwischen den Parallelbestimmungen darf nicht mehr als 0,02 g/cm^3 betragen.

Bemerkungen: a) Bei salzhaltigen Gesteinen sowie Gesteinen mit aktiven Kolloiden (fette Tone) bestimmt man die Reindichte durch Anwendung von Petroleum und Schaffung eines Vakuums zur Entfernung der Luft.

b) Die Reindichte von Gesteinen, die organische Reste enthalten, wird durch Spezialmethoden bestimmt.

3. Die Rohdichte der Gesteine mit ungestörter Struktur (außer Felsgesteinen, grobklastischen Gesteinen und rolligen Gesteinen) kann mit Hilfe zweier Methoden bestimmt werden:

a) durch die Methode des Schneideringes, unter Anwendung eines dünnwandigen Ringes mit einem Innendurchmesser von mindestens 50 mm und einer Höhe von mindestens 30 mm;

b) durch die Methode des Paraffinierens. Dabei wird das Muster mit einer dünnen Paraffinhülle versehen und dann im Wasser gewogen, um dadurch das Volumen der Probe anhand des bei der Wägung unter Wasser entstehenden Gewichtsverlustes zu ermitteln. Die Größe des Musters darf nicht unter 30 cm^3 betragen. Die Temperatur des Paraffins soll etwas höher als der Schmelzpunkt (bei 60 °C) liegen. Die Einwaage wird auf der technischen Waage vorgenommen.

4. Die Bestimmung der unteren Plastizitätsgrenze (Ausrollgrenze) der Gesteine (mit Ausnahme von Felsgesteinen, Halbfelsgesteinen und Gesteinen, die einen bedeutenden Anteil organischer Substanz oder grobe Gerölle enthalten) geschieht durch Bestimmung der Feuchtigkeit einer Gesteinswalze, die auf einer glatten Oberfläche bis zum Beginn des Zerbröckelns und Zerkrümelns bei einem Durchmesser von etwa 3 mm ausgerollt wird. Die Gesteinsprobe wird vorher zerkleinert und durch ein 0,5-mm-Sieb gegeben. Die Einwaage wird auf einer technischen Waage mit einer Genauigkeit von 0,01 g vorgenommen. Für jede Probe werden zwei parallele Bestimmungen durchgeführt. Als Ausrollgrenze gilt das arithmetische Mittel aus zwei Bestimmungen. Die zulässige Differenz zwischen den Parallelbestimmungen darf bei Lehmsand nicht über 1 %, bei Lehm und Ton nicht über 2 % betragen. Das Ergebnis wird in ganzen Prozenten angegeben.

Bemerkung: Bei den Vorerkundungen ist die Anwendung vereinfachter Methoden zulässig.

5. Die Bestimmung der oberen Plastizitätsgrenze (Fließgrenze) der Gesteine (außer Felsgesteinen, Halbfelsgesteinen und Gesteinen mit einem bedeutenden Anteil an organischer Substanz oder groben Einschlüssen) wird mit dem Balancierkegel durchgeführt. Dieser Balancierkegel hat eine Höhe von 25 mm, ein Gewicht von 76 g, einen Spitzenwinkel von 30° und trägt in 10 mm Entfernung von der Spitze eine eingeritzte Marke. Die Probe wird vorher zerkleinert und durch ein 0,5-mm-Sieb gegeben. Die durchfeuchtete Probe wird in einem Becher von etwa 4 cm Durchmesser und mindestens 2 cm Höhe auf Kegeldruck geprüft.

Für jede Gesteinsprobe werden zwei parallele Bestimmungen der Fließgrenze vorgenommen, und als Endergebnis wird das arithmetische Mittel aus den zwei parallelen Bestimmungen angenommen. Als Differenz der beiden parallelen Bestimmungen sind zugelassen: bei Lehmsand nicht über 2 %, bei Lehm nicht mehr als 2,5 %, bei Ton höchstens 3 %. Das Ergebnis wird in ganzen Prozenten angegeben.

Bemerkung: Bei Vorerkundungen ist die Anwendung vereinfachter Methoden erlaubt.

6. Die Bestimmung der granulometrischen Zusammensetzung der Tongesteine (mit Ausnahme von Gesteinen, die einen bedeutenden Anteil an organischer Substanz enthalten) erfolgt mittels der Aräometermethode in einem zylindrischen Gefäß mit 1 Liter Fassungsvermögen und 6 cm Durchmesser unter Aussonderung folgender Fraktionen: 0,5—0,25 mm; 0,25—0,10 mm; 0,10—0,05 mm; 0,05—0,01 mm; 0,01—0,005 mm und feiner als 0,005 mm. Als Einwaage nimmt man aus der Durchschnittsprobe eine Menge von etwa 20 g bei Ton, 30 g bei Lehm, 40 g bei Lehmsand. Koagulierende Proben werden mit destilliertem Wasser durchgewaschen. Dabei wird die Einwaage korrigiert. Die Einwaage wird vorher in destilliertem Wasser mit Zusatz von etwa 0,5 cm^3 25 %igem Ammoniak gekocht. Die Suspension wird vorher durch ein 0,25-mm-Sieb gegeben. Das Resultat der Analyse wird in ganzen Prozenten angegeben.

Bemerkungen: a) Bei Vorerkundungen können vereinfachte Methoden angewandt werden.

b) Bei Schiedsanalysen, Analysen für Forschungszwecke und Analysen für andersartige Gesteinstypen können andere Methoden angewendet werden.

7. Die Bestimmung der relativen Zusammensinkbarkeit erfolgt bei Lößgesteinen und lößartigen makroporigen Gesteinen an ein und derselben Probe, die im Zustand der natürlichen Feuchtigkeit bis zum vorgesehenen Druck (P kg/cm^2) zusammengedrückt und dann unter diesem Druck angefeuchtet wird. Der vorgegebene Druck wird in Stufen von 1,0 kg/cm^2 jede Stunde aufgebracht und so lange beibehalten, bis das Zusammendrücken praktisch abgeklungen ist. Das Durchfeuchten geschieht von unten nach oben. Der Kennwert der relativen Sackung i_{pr} wird nach der Formel

$$i_{pr} = \frac{h - h'}{h_0}$$

bestimmt, worin

h = Höhe der Probe beim vorgegebenen Druck vor der Anfeuchtung;

h' = Höhe der Probe bei dem vorgegebenen Druck nach der Anfeuchtung;

h_0 = Höhe der Probe vor der Belastung bedeutet.

Die Querschnittfläche des zu untersuchenden Musters muß mindestens 60 cm^2 und das Verhältnis der Höhe zum Ringdurchmesser mindestens 1:3,5 betragen.

8. Die Art der Ermittlung des Scherwiderstandes von Tongesteinen muß dem Verhalten des Gesteins in bezug auf das Bauwerk (sowohl während der Bauausführung als auch bei der Nutzung des Bauwerkes) entsprechen. Es wird empfohlen, die folgenden drei in Frage kommenden Schemata für die Untersuchung der Scherfestigkeit vorzusehen:

a) Abscheren bei unvollständiger Konsolidierung. Der Scherversuch wird mit unterschiedlichen Einwirkungszeiten der vertikalen Belastung bis zum Beginn des Abscherens durchgeführt, bei vorgegebener konstanter zeitlicher Folge des Ansetzens der Scherbelastung, entsprechend den Gesteinstypen und den Funktionsbedingungen des Bauwerkes.

b) Abscheren bei vollständiger Konsolidierung. Der Schervorgang erfolgt, wenn die Stabilisierung der Setzung unter der vorgegebenen Verdichtungsbelastung erreicht ist.

c) Der Schervorgang bei der Untersuchung von Gesteinen als Baumaterial erfolgt an Proben mit gestörter Struktur mit vorgegebener Dichte und Feuchtigkeit. Das Ansetzen der Scherkräfte geschieht in der gleichen Weise wie bei der unvollständigen und vollständigen Konsolidierung entsprechend der Beanspruchung des Gesteins im Bauwerk.

Es wird empfohlen, Geräte für einflächige Abscherung anzuwenden und für die Probe die zylindrische Form mit einem Durchmesser nicht unter 7 cm bei einem Verhältnis der Höhe zum Durchmesser in den Grenzen von 1:3 bis 1:2 zu wählen.

9. Die Prüfung der Zusammendrückbarkeit toniger Gesteine geschieht in Ödometern entweder unter Wasser oder ohne Wasser, mit einem oder mehreren Zweigen, je nach dem Verhalten des Gesteins im Baugrund. Diese

Tabelle 3

Bezeichnung der Kennwerte	Zweckbestimmung der Kennwerte	Methode der Ermittlung	Merkmale des Kennwertes
Einzelkennwerte	Kennwerte, die anhand einer Probe geringen Umfangs erhalten wurden, charakterisieren im wesentlichen nur einen Punkt der Schicht.	Bestimmung im Labor und im Feld mit Hilfe verschiedener Geräte	Innerhalb der Schicht sind bedeutende Schwankungen möglich.
Verallgemeinerte Kennwerte	Kennwerte, die die Eigenschaften einer Schicht als Ganzes charakterisieren	Durch Mittelung der Einzelkennwerte für eine ingenieurgeologische Einheit	Können je nach der Anzahl der Einzelkennwerte in der mathematischen Verteilung Schwankungen unterliegen
Berechnungskennwerte	Kennwerte, die in die Berechnungsformel eingehen	Durch Einführung von Korrekturen bei den verallgemeinerten Kennwerten	Können je nach dem vorgegebenen Grad der zuverlässigen Wahrscheinlichkeit schwanken

Prüfung erfolgt an zylindrischen Proben, deren Durchmesser mindestens 7 cm und deren Verhältnis der Höhe zum Durchmesser mindestens 1:3,5 betragen. Man bestimmt die Setzung des Gesteins durch Messung der Höhenänderung der Probe bei Erreichen der Setzungsstabilisierung. Beim Messen der Setzung berücksichtigt man die Verformungen, die infolge Deformierung der Geräteteile, Verdichtung der Kontakte zwischen den Geräteteilen und durch „Annäherung" der Stempel usw. entstehen. Die Belastung wird stufenweise aufgebracht. Die Größe der Stufen kann mit der Erhöhung der Belastung gesteigert werden, sie soll aber die Hälfte der Endbelastung nicht überschreiten. Die Größe der ersten Belastungstufen richtet sich nach dem Zustand des Gesteins. Die Richtigkeit der Prüfungsergebnisse auf Zusammendrückbarkeit des Gesteins stellt man durch den Vergleich der Rohdichte fest: a) errechnet anhand der Endhöhe (nach erfolgter Zusammendrückung der Proben) und b) unmittelbar an der nach Beendigung der Prüfung aus dem Ödometer entnommenen Probe. Das Ergebnis gilt als zufriedenstellend, wenn der Unterschied der durch verschiedene Methoden erhaltenen Rohdichten 0,02 g/cm³ nicht übersteigt.

Auswertung der experimentellen Ergebnisse und Wahl der Berechnungskennwerte für die ingenieurgeologischen Gesteinseigenschaften

Die Bearbeitung der experimentellen Ergebnisse und die Wahl der Berechnungskennwerte für die ingenieurgeologischen Eigenschaften der Gesteine bilden den abschließenden Arbeitsgang der ingenieurgeologischen Probenuntersuchung der Gesteine. Von ihm wie von den anderen Arbeitsgängen hängt die Richtigkeit der Endergebnisse der Untersuchungen ab.

Bei der Bearbeitung der experimentellen Daten und der Wahl der Berechnungskennwerte werden die Methoden der mathematischen Statistik angewendet, jedoch mit unbedingter Berücksichtigung des geologischen Charakters der Untersuchungsobjekte (der Gesteine). Die Auswertung der experimentellen Daten erfolgt durch Einschätzung der Einzelkennwerte (Feststellung der mathematischen Normalverteilung der einzelnen Punkte, Zugehörigkeit der Kennwerte zur vorgegebenen mathematischen Verteilung, Feststellung der „Abweichungen" und ihrer geologischen Analyse usw.), durch Errechnung verallgemeinerter Kennwerte sowie durch verschiedene Korrekturen, die (wegen der ungenügenden Menge von Bestimmungen, des Sicherheitsgrades des Bauwerkes usw.) bei den verallgemeinerten Kennwerten durchgeführt werden, um so begründete Berechnungskennziffern zu erhalten. Die Bezeichnung der Kennwerte, ihre Zweckbestimmung, die Methode ihrer Gewinnung und die wichtigsten Merkmale der Kennwerte sind in Tab. 3 aufgeführt.

Die Methodik der Auswertung der experimentellen Ergebnisse und der Wahl der Berechnungskennwerte kann in diesem Aufsatz nicht eingehender behandelt werden. Wir verweisen auf die im Literaturverzeichnis angeführten Arbeiten von KOLOMENSKI 1956b, 1957).

Zusammenfassung

Die vorliegende Arbeit befaßt sich mit der ingenieurgeologischen Bemusterung der Gesteine. Sie wird in sechs Arbeitsgängen: Bestimmung der Art und des Ortes der Probenahme, die Probenahme selbst, die Aufbewahrung der Proben, Vorbereitung der Proben, Untersuchung der Proben und Auswertung der Untersuchungsergebnisse durchgeführt. Die einzelnen Arbeitsgänge werden definiert und beschrieben.

Резюме

Настоящая работа занимается инженерно-геологическим опробованием горных пород. Опробование производится шестью рабочими этапами: определение системы и места отбора проб, взятие проб, сохранение проб, подготовка проб, исследование проб, анализ результатов исследования. Дается определение и описание отдельных рабочих этапов.

Summary

The present paper deals with the engineering-geological sampling of rocks. This is carried out in six operations which include: determination of the kind and place of sampling, sampling itself, storage of samples, preparation of samples, analysis of samples, and evaluation of test results. The individual operations are defined and described.

Literatur

KOLOMENSKI, N. W.: Die wichtigsten Grundsätze für die ingenieurgeologischen Untersuchungen von Gesteinen. — Werke d. MGRI, 1956a.
— Ingenieurgeologie, Teil II. — Gosgeoltechisdat, 1956b.
— Die wichtigsten Aufgaben und Prinzipien der ingenieurgeologischen Probenuntersuchung der Gesteine. — Berichte von der Tagung über ingenieurgeologische Eigenschaften der Gesteine. — Verlag Akad. Wiss. UdSSR, Bd. II, 1957.
KOLOMENSKI, N. W., & I. S. KOMAROW: Die Grundlagen einer Methodik für die Wahl von Berechnungskennwerten der Gesteinseigenschaften für das hydroenergetische Bauwesen. — Berichte vom XX. Internationalen Geologischen Kongreß, Mexiko 1959.
SCHEKO, A. I.: Methodik zur Bestimmung von Kennwerten der ingenieurgeologischen Eigenschaften von Schottertongesteinen. — Berichte von der Tagung über ingenieurgeologische Eigenschaften der Gesteine. — Verlag Akad. Wiss. UdSSR, Bd. I, 1956.
Ingenieurgeologische Untersuchungen für das hydroenergetische Bauwesen. — Gosgeoltechisdat, 1950.

Aussichten der westdeutschen Erdöl- und Erdgaserkundung

HELMUT KNAPE, Berlin

Im Verlaufe der letzten 15 Jahre konzentrierte sich die westdeutsche Erdöl- und Erdgaserkundung vorwiegend auf mesozoische Erdöllagerstätten, die fast ausnahmslos an verschiedenartige Strukturtypen im Verbreitungsgebiet des Juras und der Unterkreide gebunden sind. In diesem Zeitraum wurde die Erdölförderung von 841576 t im Jahre 1949 auf 7382700 t im Jahre 1963 gesteigert. Die Erdgasproduktion — vorwiegend aus Zechsteinfeldern westlich der Weser — betrug im Jahre 1963 915 Mill. Nm³, wobei zu berücksichtigen ist, daß die Lagerstätten nicht optimal ausgelastet wurden.

Eine bedeutende Erweiterung der Vorratsbasis wird in Zukunft vermutlich vor allem durch das Erschließen tieferer Horizonte und durch die Verlagerung der Such- und Erkundungsarbeiten auf die Schelfbereiche der Nord- und Ostsee erzielt werden. Die in den letzten Jahren gewonnenen außerordentlich ermutigenden Erkenntnisse lassen schon jetzt eine ständig stärker werdende Konzentration der Aufschlußarbeiten im Küstenbereich erkennen. Neben der weiteren Erschließung ins Meer hinausgreifender mesozoischer Lagerstätten (z. B. bei Kiel) durch Ablenkungen vom Festland her wurde seit dem Fund der bedeutenden Erdgaslagerstätte Groningen in der Nähe der deutsch-holländischen Grenze in den paläozoischen Schichten (Rotliegendes) ein umfangreiches Bohrprogramm in Verbindung mit geophysikalischen Arbeiten zur Erforschung des Paläozoikums entwickelt.

Die von der Nederlandse Aardolie Maatschappij (NAM) nachgewiesenen Erdgasreserven, die bisher mit rd. 600 Mrd. Nm³ veranschlagt wurden, werden z. Z. auf 1100 Mrd. Nm³ geschätzt. Im Dezember 1963 konnte auf der westfriesischen Insel Ameland ein weiteres bedeutendes Erdgasvorkommen in ca. 3000 m Teufe von der American Overseas Petroleum entdeckt werden. Die nordholländischen Erdgasvorräte werden in Fachkreisen als die größten Europas und die zweitgrößten der Welt bezeichnet. 1963 hat die NAM mit dem Abteufen der ersten Produktionsbohrung, Slochteren 3, begonnen. Seit 1955 sind im Bereich des Erdgasgebietes sechs Aufschluß- bzw. Erweiterungsbohrungen niedergebracht worden, und zwar Ten Boer 1, Slochteren 1 und 2, Delfzijl 1, Nordbrock 1 und Schildmeer 1. Die regelmäßige Ausbeute des riesigen Gasvorkommens soll von der Lokation Slochteren 2 aus begonnen werden. Die Produktion soll durch einen ca. 3000 m tiefen „Gasschacht" erfolgen. Es handelt sich dabei um acht, im Abstand von nur 70 m voneinander entfernt niederzubringende Bohrungen. Jede der Sonden soll später täglich 750000 m³ Gas liefern, so daß sich die Ausbeute des „Octopuslocatie" Slochteren auf zusammen 6 Mill. m³ täglich oder etwa 2 Mrd. m³ jährlich belaufen wird. Das Gas steht unter einem ungewöhnlich hohen Druck.

In letzter Zeit sind die Bemühungen von zehn westdeutschen, aber auch von holländischen, englischen, französischen und amerikanischen Erdölbohrgesellschaften und geophysikalischen Unternehmen zur Erkundung des Schelfbereiches der Nordsee bemerkenswert. Von westdeutscher Seite wurde auf der deutschen Seite der Emsmündung, gegenüber dem Fundgebiet der holländischen NAM die Versuchsbohrung Victorbur Z 1 angesetzt. Außerdem wurde auf der Frieseninsel Wangerooge ein Bohrturm errichtet und im offenen Meer 20 km nördlich Borkum die Versuchsbohrung Nordsee A 1 vorbereitet. Zwei Bohrinseln werden z. Z. von Amerika antransportiert, und eine weitere ist für 20 Mill. DM bei den Kieler Howaldtswerken in Auftrag gegeben worden.

Die seismischen Untersuchungsarbeiten im Bereich der Nordsee haben in den Sommermonaten 1963 einen Umfang erreicht, der noch vor wenigen Jahren unvorstellbar gewesen wäre. Etwa 20 Ölgesellschaften haben von ihren Stützpunkten in England, Frankreich, Holland, Westdeutschland und Dänemark aus mit einer Flotte von Meßschiffen die Exploration in Angriff genommen. Bei den seismischen Untersuchungen in der Nordsee hatte im Jahre 1963 allein die Prakla von April bis Juni zwei Meßgruppen, ab Anfang Juni drei und ab Anfang August vier Meßgruppen eingesetzt. Ziel der geophysikalischen Arbeiten sind die Verfolgung der auf dem Festland fündigen mesozoischen und altpaläozoischen Strukturen im Schelfbereich und die Ermittlung neuer Strukturen.

Die bisher gewonnenen Erkenntnisse lassen den Schelfbereich der Nordsee bis zur Doggerbank als außerordentlich perspektivisch erscheinen. Besonderes Interesse verdienen die altmesozoischen und die paläozoischen Schichten, wie u. a. die Ergebnisse von Groningen und auch von Rehden zeigen.

Die von FABIAN an der Struktur Rehden durchgeführten Untersuchungen deuten darauf hin, daß die Erdgasführung dieser Schichtenfolge teilweise in Zusammenhang mit der Ausbildung des produktiven Oberkarbons steht. Einige bis in die Sandsteine des Westfal D abgeteuften Bohrungen wurden gasfündig und förderten bei Produktionsversuchen durch eine 7-mm-Düse rd. 2000 bis 4000 Nm³ Erdgas in der Stunde. Interessant sind in diesem Zusammenhang auch die Ergebnisse der Bohrungen Annaveen Z 1 und Colnrade Z 1, die im Oberkarbon Gasspuren nachwiesen.

In einer neuen Arbeit führt PATIJN (R. J. H. PATIJN: Die Entstehung von Erdgas infolge der Nachinkohlung im Nordosten der Niederlande, „Erdöl und Kohle", H. 1, S. 2—9, 1964) die Entstehung des Erdgases in Nordholland besonders auf den Prozeß der Nachinkohlung zurück. Er weist u.a. nach, daß die Kohlenflöze des Karbons heute mehr als doppelt so tief liegen wie während der Karbon-Inkohlungsphase, wodurch eine Nachinkohlung mit der Bildung von Methangas erfolgen konnte. Die Entstehung des Perm-Gasvorkommens bei Groningen an der Ostflanke des Mittelniederländischen Rückens, in dessen Zentralteil die schwächste Inkohlung zu verzeichnen ist, wird also mit jungen Nachinkohlungsvorgängen in Verbindung gebracht. Nach PATIJN erscheint es möglich, aus der Teufe des Karbons, aus dem Alter und dem Inkohlungsgrad der Kohle wichtige Kriterien für Such- und Erkundungsarbeiten abzuleiten.

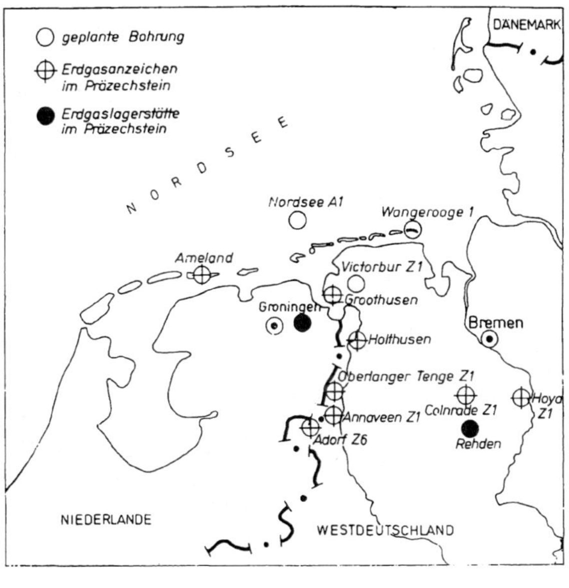

Gegenwärtiger Stand der Erdöl- und Erdgaserkundung im Gebiet von Nordwestdeutschland, Ostholland und der angrenzenden südlichen Nordsee

Zeitschrift für angewandte Geologie, Bd. 10 (1964) Heft 8

Über die Qualität von Buntmetallerzen und die Rentabilität der Produktion[1]

(Ein Diskussionsbeitrag zum Aufsatz von B. F. NOWOSHILOW, Moskau; Z. angew. Geol., **10**, H. 3, Berlin 1964)

ERICH MÜLOT, Leipzig

In seiner Veröffentlichung spricht NOWOSHILOW ein Problem an, das auch bei uns — insbesondere bei Aufschlußprojektierungen im Erzbergbau — oft ausgiebig erörtert wird. Die Diskussionen zu diesem Thema führen wir jedoch über den wirtschaftlichen Abbau von Lagerstätten, denen man in der UdSSR und auch anderwärts kaum eine so große Beachtung und umfassende Beurteilung zukommen lassen würde. Sie sind arm im Erzgehalt, oft schwierig in ihrem geologischen Aufbau und bieten bei optimaler Ausnutzung vielfach nur kleine Förderleistungen an.

In fast jedem Falle benötigen wir einen umfassenden kostenmäßigen Überblick, der sich keinesfalls nur auf die geologische oder bergbauliche Situation stützen kann. Bearbeitungen, die Entscheidungen zulassen — und das betrifft sowohl den Eisen- als auch den Nicht-Eisen-Sektor —, beziehen sich auf

1. den Lagerstättenbereich unter Berücksichtigung von Grenzleistungen (minimale und maximale Lagerstättenausnutzung) und Grenzwerten (Minimal- und Schwellengehalt),
2. den Aufbereitungsbereich unter Berücksichtigung der Grenzwerte,
3. Varianten, unter Zusammenfassung der Positionen 1. und 2.,
4. den Verarbeitungsbereich, unter Berücksichtigung der in Position 3 ausgewiesenen günstigsten Lösung.

Eine Lagerstätte, die, optimal ausgenutzt, kleine Förderleistungen anbietet, ist immer außerordentlich kostenempfindlich. Es erscheint daher zweckmäßig, in Verbindung mit vorerwähnter Veröffentlichung auf die kostenmäßigen Zusammenhänge in den einzelnen Kostenbereichen näher einzugehen.

NOWOSHILOW trifft in seiner Veröffentlichung die uns auch bekannte Feststellung, daß in der UdSSR insbesondere kleine Betriebe die Produzenten von Verlusten sind und daß die Senkung des industriellen Minimal- und des Schwellengehaltes diese Verluste erzeugte. Er erwähnt weiterhin, daß eine Erhöhung dieser Grenzwerte die Rentabilität wiederherstellte. Danach ist offensichtlich die Leistungsforderung an den Grubenbetrieb kleiner als die optimale Leistungsfähigkeit der Lagerstätte. Die Erhöhung der Grenzwerte hat keine Verkürzung der Lebensdauer der Anlage innerhalb des ökonomisch günstigsten Abbauzeitraumes zur Folge. Es ist ferner daraus zu entnehmen, daß Verluste, die durch die geringe Betriebsleistung (im vorliegenden Falle zu niedrige Leistungsforderung) und dadurch ungenügende Ausnutzung der Lagerstätte erzeugt wurden, über die Erhöhung der Grenzwerte ihren Ausgleich erhielten.

Wir klären in ähnlichen Fällen vorerst die Gründe, die die kleinen Betriebsleistungen bedingen, ehe wir eine Erhöhung der Grenzleistungen erwägen.

Unsere kleinen und armen Lagerstätten machen es uns oft außerordentlich schwer, einen ökonomisch noch tragbaren Mittelweg zwischen Grenzleistung (Leistungsvermögen der Lagerstätte) und Grenzwert (Schwellengehalt) zu finden. Ferner ist festzustellen — wenn auch wohl kaum im Erzbergbau —, daß schlechte Konzentration der Verarbeitungsbetriebe oder unzweckmäßige Ausrichtung dieser Anlagen auf die Lagerstättensituation und -größe beträchtliche finanzielle Verluste ergeben. Oft ist es hier jedoch so, daß das Endprodukt hohen Gewinn abwirft und dabei die Kosten des Ausgangsproduktes unbeachtet bleiben und als Fakt hingenommen werden.

Die Beziehungen, die zwischen Grenzwert und Betriebsleistung (die nach Möglichkeit die Lagerstätte maximal ausnutzen sollte) bestehen, sind im Erzbergbau etwa folgendermaßen zu kennzeichnen:

Bei Betriebsleistungen bis annähernd 1000 t/d ergibt sich ein gleichmäßiges sehr steiles Abfallen der Kosten sowohl beim Leistungsanstieg als auch beim Ansteigen des Erzgehaltes. Beide haben in diesem Leistungsbereich etwa den gleichen Kurvenverlauf. Im darüberliegenden Bereich verflacht die Kostenkurve der zunehmenden Leistung beträchtlich, während die der zunehmenden Erzgehalte den steilen Abfall der Kosten beibehält. Schwankungen im Erzgehalt üben mithin in diesem Leistungsbereich auf das Gesamtkostenbild einen höheren Einfluß aus als Veränderungen der Betriebsleistung. Hieraus erklärt sich auch die Feststellung NOWOSHILOWS, daß mittlere und größere Betriebe, die den Schwellengehalt herabsetzten, zunehmend mit Verlusten arbeiteten. Der Verlust, den die Herabsetzung des Schwellengehaltes erzeugte, konnte durch den Gewinn einer erhöhten Förderung nicht ausgeglichen werden.

Ähnlich verhält es sich bei der Einführung komplexer Abbauverfahren, oft auch bei umfassenderer Mechanisierung oder bei Veränderungen im Sprengverfahren. Die hierbei erzielte Erhöhung des Förderaufkommens sowie die damit verbundene Senkung der Abbaukosten decken als Gewinn keineswegs generell den Verlust ab, den die mit diesem Verfahren verbundene Erzverdünnung erzeugt. Den Wertausgleich bzw. den Gewinn muß in diesem Falle die Aufbereitung ausweisen. Wir haben auch hier auf dem NE-Sektor Beispiele dafür, daß auf eine komplexe Mechanisierung vorerst verzichtet wurde, weil der wirtschaftliche Erfolg dieser Maßnahme aufbereitungsseitig als Gewinn anzuzweifeln war. Das größere Metallausbringen der Aufbereitung als Folge einer erhöhten Tonnageleistung der Grube deckt vielfach nicht die Amortisation des Investaufwandes für die erforderliche Erweiterung dieses Betriebsteiles. Andererseits ist ein erhöhtes Ausbringen oder eine bessere Anreicherung des Konzentrates als Folge einer Technologieveränderung in sehr vielen Fällen kaum zu erzielen. Man sollte hieraus erkennen, daß einer Erhöhung der Grubenförderung bei sinkendem Metallgehalt auch aufbereitungsseitig in der Wirtschaftlichkeit gewisse Grenzen gesetzt sind.

Das geringe Leistungsvermögen unserer Lagerstätten, oft verbunden mit niedrigem Erzgehalt, zwingt uns vielfach dazu, auch die Verarbeitungsstufe noch mit in die Rentabilitätsbetrachtung einzubeziehen. Diese Betrachtung läßt dann auf jeden Fall eine abschließende Entscheidung zu.

Die eindeutig von NOWOSHILOW herausgestellten Vorteile der sozialistischen Wirtschaft gestatten uns, auch Lagerstätten zur Nutzung heranzuziehen, die unter kapitalistischen Verhältnissen unbauwürdig sein würden. Dieser Vorteil sollte jedoch nicht dazu verleiten, möglicherweise gestützt auf einen berechtigten Bedarf, Entscheidungen zu fällen, ohne anhand eines genaueren Kostennachweises den Gewinn oder Verlust errechnen oder zumindest einwandfrei abschätzen zu können. Überhaupt können hierzu Entscheidungen nicht von den Bearbeitern oder denjenigen, die den Abbau betreiben, gefällt werden. Mit Hilfe des ökonomischen Ausweises soll abgewogen werden können, in welchem Umfange die Lagerstätte für die Gesamtentwicklung wirtschaftlich wirksam werden kann.

Aus dieser Darstellung geht hervor, daß ein anhand der geologischen, bergmännischen und ökonomischen Beurteilung festgelegtes Abbauprogramm nur revidiert werden sollte, wenn gewichtige Gründe — z. B. unvorhergesehene Veränderungen in der Erzführung, wesentliche technologische Verbesserungen in Abbau oder Aufbereitung, Veränderung der Leistungsforderung — vorliegen.

Die erneut auszuarbeitende Festlegung des Arbeitsprogramms muß in diesem Falle den finanziellen Vorteil

[1] Eingang des Manuskripts in der Redaktion: 23. 4. 1964

vorher ausweisen. Vielfach hat jedoch der Ablauf dieser Programmänderung andere Ursachen.

Beispielsweise stellt ein erhöhter Reicherzabbau, der über zwischenzeitliche Betriebsschwierigkeiten hinweghilft, einen Eingriff in die wohlerwogene Festlegung der Grenzwerte dar. In seinen Auswirkungen wird er vorerst nicht übersehen und ist demzufolge oft nicht überbrückbar. Die Folge ist ein Rückgang des finanziellen Ergebnisses. Große reichere Lagerstätten überstehen diese Abweichung mit Verlust, kleinere ärmere werden totgebaut.

Die Erarbeitung der wirtschaftlichsten Lösung erfordert eindeutig eine Überprüfung sämtlicher Kostenarten, die komplex zu betrachten sind. Die niedrige Belastung des Vorkommens durch die Erkundung, die bergmännisch oftmals gesteuert werden kann, erregt hierbei das gleiche Interesse wie die maximale Ausnutzung der Lagerstätte bei tragbaren Grenzwerten. Das Streben nach Anwendung komplexer Abbaumethoden oder nach zunehmender Mechanisierung und Automatisierung läßt oft die Betrachtung der zum Teil unübersichtlichen Gesamtkostensituation außer acht. Hierin weist auch unser Verfahrensgang beim Aufschluß neuer Lagerstätten bzw. Lagerstättenteile noch gewisse Schwächen auf, die zu überwinden sind.

Fazieswechsel in den Zechstein-Salzlagerstätten[1]

Ihre Beziehung zur Entwicklung der „Roten Fäule" des Kupferschiefers und deren Entstehung

HERMANN BORCHERT, Clausthal-Zellerfeld

(Vorläufige Mitteilung)

Die Erkenntnis des paläohydrologischen Zusammenhangs der „Roten Fäule" mit umgebenden Anreicherungszonen der Schwermetalle, insbesondere von Kupfer, ist hauptsächlich den neuesten Untersuchungen von E. v. HOYNINGEN-HUENE (1963) zu verdanken. Auf der Grundlage seiner Konzeption kann gezeigt werden, daß sehr viele Feinheiten der primären Metallverteilung im Kupferschiefergebiet des Richelsdorfer Gebirges viel besser als bisher (durch streng synsedimentäre Ausfällung unmittelbar aus dem Kupferschiefer-Meer) zu erklären sind: nämlich durch Wechselwirkung von sauren metallreicheren Grundwässern, die in den porös-konglomeratischen Schichten von Rotliegend-Aufsattelungen abwärts unter den Boden des Zechsteinmeeres abgeleitet wurden, den feinkörnigen Sapropel imprägnierten und mit den H_2S-haltigen alkalischen Porenlösungen des Faulschlammsediments unter Sulfidausfällung reagierten.

In diesem Rahmen ist die „Rote Fäule" zwanglos derart zu erklären, daß die sauren Rotliegend-Grundwässer unter einem gewissen artesischen Druck am Boden des Zechsteinmeeres austraten, wodurch es dann nur zur oxydischen Ausfällung des Eisens kam, während die hierbei noch hauptsächlich sulfatisch gelöst gebliebenen Metalle Cu und Zn in die Nachbarschaft transportiert wurden, hier Zonen der Anreicherung insbesondere von Kupferreichsulfiden erzeugend.

Die besten Beispiele für Erzanreicherungshorizonte durch Wechselwirkung metallhaltiger Rotliegend-Grundwässer mit H_2S-haltigem Kupferschiefer-Meerwasser bilden oft der äußerst metallreiche „Schwarzkopf" im Bereich der obersten 5—10—20 mm des Sanderzes und weiterhin die Kupfersulfid-Reicherzlagen, die in 1—3 mm Stärke und in bis zu dreimaliger Wiederholung in bestimmten schichtgebundenen Lagen des Kupferschiefers selbst auftreten.

Für die Ausfällung der Schwermetalle haben die auch meist lagenförmig angereicherten Bitumina ihrerseits eine wesentliche Rolle gespielt. Von untergeordneter Bedeutung, aber doch nach wie vor wesentlich, bleibt die sulfidische Ausfällung der verschiedensten Schwermetalle aus dem rein marinen Stoffhaushalt des Kupferschiefers, wobei neben Verwitterungslösungen auch die kupferreichen Melaphyre des Rotliegenden sowie schließlich auch selbständige sulfidische Erzlagerstätten aus dem initialen und orogenen Magmatismus des kontinentalen Varistikums für erhöhte Metallschüttung in das Nebenmeer der Kupferschiefer-Zeit beigetragen haben.

Des weiteren muß betont werden, daß sekundär-intrakrustale Metasomatosen, die mit Laugenbewegungen in tieferen Grundwasserstockwerken gekoppelt sind, für die Herausbildung klein- und großräumiger Fazieswechsel viel bedeutsamer sind als solche im Rahmen der Primärausscheidungen von Salzen in Strömungszyklen und Temperaturgefällen. Die Belebung der saxonischen Tektonik bewirkte Umstellungen in den paläohydrologischen Verhältnissen und damit auch vielfach großzügige Auslaugungen und Metasomatosen. Der Sangerhäuser Anhydrit ist ganz sicher keine fazielle Vertretung von Staßfurt-Steinsalz und Staßfurt-Kalilager, sondern ein Produkt der Tiefenauslaugung, das im Zusammenhang mit den bekannten, auch „prä-diapirischen" Vertaubungen der Südharz-Kalilager gesehen werden muß.

[1]) Eingang des Manuskripts in der Redaktion: 8. 4. 1964

Fachkolloquium über Probleme im Talsperrenbau

HANS HÄNICHEN, Freiberg (Sa.)

Am 28. 2. 1964 fand in Freiberg ein Fachkolloquium über Probleme im Talsperrenbau statt, zu der das Amt für Wasserwirtschaft der DDR und das Institut für Angewandte Geophysik der Bergakademie Freiberg eingeladen hatten. Am Kolloquium nahmen rund 200 Vertreter der verschiedensten wissenschaftlichen Einrichtungen und Institutionen teil. In der großen Teilnehmerzahl spiegeln sich die aktuelle Thematik der Vorträge und die gute organisatorische Vorbereitung des Fachkolloquiums wider. Neben Vertretern der Staatlichen Organe, zahlreicher Hochschulen und Forschungsinstitute, der Wasserwirtschaftsdirektionen, der Geologischen Erkundungsbetriebe und des VEB Geophysik waren auch Vertreter der bauausführenden Betriebe, der SDAG Wismut, des Vermessungswesens u. a. m. erschienen.

Wie aus der Themenstellung der Referate hervorging, sollte die Perspektive des wasserwirtschaftlichen Speicherbaus erläutert und insbesondere die Problematik der Wechselbeziehungen Untergrund/Bauwerk im Festgesteinsbereich aufgezeigt werden. Es wurden felsmechanische Versuche und geophysikalische Meßmethoden erörtert und Fragen der Standsicherheit und Untergrundabdichtung von Sperrmauern behandelt. Zu einer umfassenden Erörterung des immer wieder auftauchenden Fragenkomplexes bei der Errichtung von Sperrmauern auf Festgesteinen wäre es allerdings notwendig gewesen, auch die Probleme der ingenieurgeologischen Erkundung, Beurteilung und Bewertung eingehend zu beleuchten, muß doch gerade der Ingenieurgeologie als wichtigster Disziplin bei der Erkundung von Sperrstellen die entsprechende Bedeutung beigemessen werden. Es kann deshalb nur das Bedauern zum Ausdruck gebracht werden, daß das ansonsten mit gutem Niveau durchgeführte Fachkolloquium diese Unterlassung aufwies.

Die Tagungsteilnehmer wurden durch den Direktor des Instituts für Angewandte Geophysik der Bergakademie Freiberg, Prof. Dr. O. MEISSER, der auch die anschließende Diskussion leitete, begrüßt. Es wurden folgende Vorträge gehalten:

Dipl.-Ing. J. ROCHLITZER: „Probleme der Wasserwirtschaft in der DDR unter Berücksichtigung der Speicherwirtschaft"

Der stetig steigende Bedarf an Trink- und Brauchwasser stellt an die Wasserwirtschaft immer höhere Anforderungen. Der Vortragende führte aus, daß die Bilanzierung von Wasserdargebot und Wasserbedarf in der Perspektive von 1970 bis 1980 bei einem nutzbaren Dargebot von 6—7 Mill. m³ ein Defizit von 4 Mill. m³ aufweist. Der derzeitige Speicherraum von rd. 860 Mill. m³ wird bis zum Jahre 1970 auf mehr als 1 Milliarde m³ erweitert und in der weiteren Perspektive auf insgesamt 2 Milliarden m³ anwachsen. Um diese Aufgaben mit hohem volkswirtschaftlichem Nutzeffekt zu lösen, ist es notwendig, daß auf dem Gebiet des Speicherbaus alle Kräfte zusammengefaßt werden und eine schwerpunktmäßige Koordinierung der Arbeiten erfolgt. Im Vortrag wurde u. a. vor allem darauf hingewiesen, daß die im Ausland gemachten Erfahrungen eingehender als bisher studiert und auf die Probleme des Speicherbaus in der DDR angewandt werden sollten, Forschungs- und Entwicklungsarbeiten schneller in die Praxis übergeführt werden müssen, eine Verstärkung und Verbesserung ingenieurgeologischer Erkundungen einschließlich der Bearbeitung felsmechanischer Probleme und die Weiterentwicklung geophysikalischer Untersuchungsverfahren notwendig sind, die Auswertung der Talsperrenmessungen umfassender erfolgt und die Lösung dringender bautechnologischer Fragen vorrangige Bedeutung hat. In diesem Zusammenhang wurde auch eine Vertiefung der wissenschaftlich-technischen Ausbildung an den Hochschulen angeregt. Weiterhin wurde empfohlen, an den Hochschulen eine Fachrichtung Ingenieurgeologie zu schaffen.

Dipl.-Ing. J. ENDERLEIN: „Probleme der Standsicherheitsberechnung von Staumauern auf Festgestein"

Ausgehend von den Staumauerkatastrophen der letzten Jahre stellte der Vortragende fest, daß trotz Ausführung der verschiedensten Mauertypen kein Unterschied im Sicherheitsgrad bezüglich des Betonbauwerks besteht, wobei vorausgesetzt wird, daß eine einwandfreie Projektierung und Bauausführung vorliegen. Maßgebend für die Standsicherheit sind letztlich die Beschaffenheit des Untergrunds und die Gründung der Mauer. Die Unsicherheiten bei der Festlegung des Sohlenwasserdrucks, des Scher- und Gleitwiderstands und der Deformation des Felsuntergrunds erfordern die Anwendung von Verfahren zur Ermittlung felsstatischer Kennwerte. Um die Sicherheit in den Berechnungsannahmen zu verbessern, sind auf dem Gebiet des Talsperrenbaus umfangreiche Modelluntersuchungen, Großversuche in situ und Messungen am Bauwerk notwendig. Der Vortragende wies auf die Widersprüche in der Festlegung der Sicherheiten im Talsperrenbau für Beton (1:6) und für die Sperrmauer (1:1,2 bis 1,6) hin. Von der Ingenieurgeologie wird eine zahlenmäßige Bewertung des Flächengefüges erwartet, wobei mehr als bisher die Verfahren der Bodenmechanik als Hilfsmittel eingeführt werden sollten.

Ing. W. GERECKE: „Ergebnisse felsmechanischer Versuche in situ für die Talsperren Thoßfell und Rauschenbach"

Der Vortragende berichtete über Vorspannungs- und Verankerungsversuche an den Vorsperren der Talsperre Pöhl und erläuterte die daraus resultierende felsmechanische Problematik. Die Lageverschiebung von Meßpunkten an mehreren Betonblöcken läßt einen gewissen Zusammenhang mit den Gefügeverhältnissen des Felsuntergrunds erkennen. Die Versuchsauswertung ergab Beziehungen zwischen Auflast und Verschiebungen. Sie läßt die zulässige Belastung der Verankerungskonstruktion zu und ermöglicht dadurch eine exakte Berechnung der Standsicherheit des Bauwerks.

In den weiteren Ausführungen berichtete der Vortragende über Belastungsversuche an der Talsperre Rauschenbach, die sich infolge der räumlich ungünstigen Lage der Hauptkluftrichtungen und insbesondere der Schieferung zu den purch die Bauwerkslasten hervorgerufenen Kräften notwendig machten. Die Versuchsergebnisse erfordern konstruktive und bautechnische Maßnahmen.

Dr. Ing. H.-J. SCHAEF: „Probleme bei der Festlegung der erforderlichen Tiefe von Dichtungsschleiern im Festgestein"

Für eine wirtschaftliche Bemessung des Staubauwerks und dabei insbesondere im Hinblick auf eine Abminderung des Sohlenwasserdrucks ist die Anordnung eines Dichtungsschleiers von großer Bedeutung. Die bisherige Festlegung der Dichtungsschleiertiefen und die zur Anwendung kommenden Untersuchungsmethoden und Prüfverfahren können nicht befriedigen. Der Vortragende führte aus, daß sich Forschungen notwendig machen, die durch Feldversuche, Modelluntersuchungen und theoretische Betrachtungen in den Fachgebieten Ingenieurgeologie, Ingenieurgeophysik, Injektionstechnik und Grundwasserhydraulik zu Regeln für die Bemessung von Dichtungsschleiern im Festgestein in Abhängigkeit meßbarer Parameter führen sollen. Die derzeitige Injektionstechnik wurde einer kritischen Einschätzung unterzogen, und gleichzeitig wurden neue Kontrollmethoden unter Einsatz ingenieurgeophysikalischer Verfahren bereits während der Ausführung des Dichtungsschleiers gefordert.

Prof. Dr. H. MILITZER: „Neue geophysikalische Meßtechnik in situ für Talsperren"

Der Vortragende erläuterte die Leistungsgrenzen geophysikalischer Untersuchungsverfahren im Talsperrenbau. Es wurden Ergebnisse komplexgeophysikalischer Verfahren bei der Kennwertbestimmung in situ an verschiedenen Beispielen aufgezeigt. Der Einsatz neuartiger Schlauchwaagekombinationen bei der Durchführung von Scherversuchen läßt den Schervorgang eindeutiger präzisieren. Die Ergebnisse von Schlauchwaage- und Erschütterungsmessungen bei der Bauwerksüberwachung wurden ausführlich diskutiert. Sie gestatten eine exakte Berechnung der dynamischen Beanspruchung einzelner Bauwerksteile.

In der sich anschließenden Diskussion konnte aus nicht voll überzeugenden, zeitlichen Gründen nur zu einigen wenigen der in den Vorträgen aufgeworfenen Probleme Stellung genommen werden.

So wurde durch die Professoren Dr. MUSTERLE und Dipl.-Ing. WOBUS zu Fragen der Standsicherheit von Talsperren diskutiert. Prof. Dr. RÜGER sprach über die Anwendung der terrestrischen Photogrammetrie bei der Durchführung von Geländeversuchen. Bemerkenswert war der sehr kritische Diskussionsbeitrag von Prof. Dr. MARTIN, der die Ergebnisse der bisherigen Baugrundversuche als nicht übertragbar auf die Zustandsbedingungen am Sperrbauwerk ablehnt. Dipl.-Geol. HÄNICHEN machte Ausführungen über die Problematik der Ingenieurgeologie und die Unzulänglichkeiten bisheriger speicherbaulicher Planungen. Die Diskussion wurde nach einigen weiteren kurzen Bemerkungen vorzeitig beendet.

Wenn auch durch die Thematik der Vorträge ein relativ eng begrenzter Fragenkomplex in den Vordergrund gerückt wurde, eine Vielzahl von Problemen nur am Rande berührt werden konnte und damit der Eindruck einer gewissen Einseitigkeit des Kolloquiums zustande kam, so ist es doch notwendig, in einem umfassenden wissenschaftlichen Meinungsstreit durch kritische Bemerkungen, Hinweise und Ergänzungen eine weitestgehende Klärung der Problematik herbeizuführen und gegebenfalls Vorschläge für die Weiterführung der Untersuchungen zu unterbreiten. Die Voraussetzungen dazu waren anläßlich des Kolloquiums gegeben, wurden jedoch leider nicht voll genutzt.

Man kann nicht umhin, festzustellen, daß gerade die Durchführung des Fachkolloquiums gezeigt hat, daß eine engere Zusammenarbeit der verschiedenen an der Erkundung und Bewertung des Untergrunds für Talsperren tätigen Fachdisziplinen notwendig ist. Es ist zu wünschen, daß die in einer Resolution festgelegten Forderungen hinsichtlich einer echten Gemeinschaftsarbeit aller Fachrichtungen auf dem Gebiet der Baugrunderkundung und -verbesserung und den sich daraus ergebenden organisatorischen Maßnahmen baldigst realisiert werden.

H. HÄNICHEN

Über die Gründung und Tätigkeit der Provisorischen Kommission zur Genese von Erzlagerstätten

(Provisional Commission on the Genesis of Ore Deposits)[1])

Auf dem internationalen Symposium „Probleme postmagmatischer Erzlagerstätten (mit besonderer Berücksichtigung der Geochemie der Erzgänge)", das im September 1963 in Prag stattfand, wurde die „Provisorische Kommission zur Genese von Erzlagerstätten" gegründet. Sie entwickelte sich aus dem Empfehlungskomitee (Suggestion Committee), das zur Diskussion von Fragen der Weiterführung internationaler Kooperation beim Studium der Genese von Erzlagerstätten, insbesondere der Frage weiterer internationaler Symposien dieser Art, gebildet worden war.

Der Provisorischen Kommission (künftig einfach Kommission) gehören an: J. BERNARD (Prag, ČSSR), C. F. DAVIDSON (St. Andrews, Großbritannien), S. DEB (Kalkutta, Indien), A. D. GENKIN (Moskau, UdSSR), C. HARANCZYK (Kraków, VR Polen), H. D. HOLLAND (Princetown, USA), E. INGERSON (Austin, USA), D. S. KORSHINSKIJ (Moskau, UdSSR), I. KOSTOV (Sofia, VR Bulgarien), J. KUTINA (Prag, ČSSR), P. LAFFITTE (Paris, Frankreich), C. F. PARK jr. (Standorf, USA), S. RAKIĆ (Belgrad, SFR Jugoslawien), Frau D. SCHACHNER (Aachen, Deutsche Bundesrepublik), W. I. SMIRNOW (Moskau, UdSSR), T. TAKEUCHI (Sendai, Japan), G. TISCHENDORF (Berlin, Deutsche Demokratische Republik), TU-KWANG-CHI (Peking, VR China), W. UYTENBOGAARDT (Amsterdam, Niederlande), V. ZOUBEK (Prag, ČSSR), P. ZUFFARDI (Cagliari, Italien).

J. KUTINA wurde zum Sekretär der Kommission gewählt.

Die Zusammenkünfte der Kommission (ursprünglich Empfehlungskomitee) fanden während des Symposiums in der ČSSR statt, die erste zur Zeit der Tagung am 21. September 1963 in Prag, die zweite während der Post-Symposium-Exkursion am 25. September am Počúvadlo-See nahe Banskä Štiavnica in der Slowakei. Die Kommission empfiehlt, die nächsten Symposien in ähnlicher Form wie das Prager Symposium zu organisieren. Das bedeutet:

1. daß die zur Diskussion ausgewählten Themen durch internationale und nationale Zeitschriften zeitig genug angekündigt werden, so daß die eingegangenen Beiträge bereits vor der Tagung publiziert werden können und sich der Sammelband mindestens zwei oder drei Monate vor dem Symposium in den Händen der Teilnehmer befindet;

2. daß auf der Tagung zusammenfassende Berichte über die einzelnen zur Diskussion ausgewählten Themen vorgelegt werden, in denen die Hauptergebnisse und die verschiedenen Meinungen der einzelnen Autoren des Prä-Symposium-Bandes verglichen werden;

3. daß von ausgewählten Spezialisten über die diskutierten Themen einige Vorträge gehalten werden;

4. daß über jedes Thema nach den einzelnen zusammenfassenden Berichten eine detaillierte Diskussion durchgeführt wird;

5. daß ein Post-Symposium-Band herausgegeben wird, der die Vorträge, die zusammenfassenden Berichte und die auf dem Symposium abgehaltenen Diskussionen enthält.

Als die für solche Symposien am besten geeignete Zeit wird ein Termin zwischen zwei Internationalen Geologenkongressen betrachtet.

Die Kommission begrüßte das von Herrn S. RAKIĆ im voraus gemachte Anerbieten, die Möglichkeit der Veranstaltung des nächsten Symposiums dieser Art im Jahre 1966 in Jugoslawien zu sondieren, recht herzlich. Herr RAKIĆ wurde von der Kommission gebeten, diese Frage mit den zuständigen Dienststellen in Jugoslawien zu erörtern.

Die Kommission bereitet die Themenauswahl für das nächste Symposium vor. Das erste zu behandelnde Thema wird von jugoslawischer Seite selbst festgelegt werden und vermutlich ein Problem der Erforschung ihrer Lagerstätten betreffen; das zweite oder zwei weitere Themen werden von jugoslawischen Geologen aus einer seitens der Kommission vorgelegten Themenliste ausgewählt werden. Diese Liste wird gegenwärtig von der Kommission vorbereitet.

Die Kommission organisiert die Weiterführung der auf dem Prager Symposium abgehaltenen Diskussion über das Zoning. C. F. PARK jr., W. I. SMIRNOW und J. KUTINA haben ihre Ansichten über die Definition des Zonings und über die Beziehung zwischen dem Zoning und der Paragenese (im amerikanischen Sinne, d. h. der Abscheidungsfolge der Minerale) ausgetauscht. Die Diskussion zwischen C. F. PARK jr., W. I. SMIRNOW und J. KUTINA wird in dem Post-Symposium-Band enthalten sein und an alle Teilnehmer des Symposiums zu weiterer Stellungnahme verteilt werden.

Der Rat der „Society of Economic Geologists" hat beschlossen, das für 1966 geplante Symposium in Jugoslawien zu fördern und mit der Kommission zusammenzuarbeiten. Der Beschluß des Rates der Gesellschaft wird von der Kommission begrüßt und sehr geschätzt.

Die nächste Tagung der Kommission wird in Verbindung mit der Tagung der „Society of Economic Geologists" auf dem Internationalen Geologenkongreß in Neu Delhi im Dezember 1964 abgehalten werden. Der Generalsekretär des Kongresses hat die für die Tagung der Kommission erforderliche Zeit freundlichst zur Verfügung gestellt.

Die Frage einer möglichen Angliederung der Kommission an eine permanente internationale Organisation wie auch ihrer Beziehung zur „Kommission für das Studium der Konzentration der wirtschaftlich nutzbaren Elemente in der Erdrinde", die auf der Ratstagung der Internationalen Union der Geologischen Wissenschaften im Oktober 1963 gegründet wurde, ist im einzelnen zu diskutieren und wird eines der auf der nächsten Tagung der Kommission in Neu Delhi zu lösenden Hauptprobleme bilden.

Institut der Geologischen Wissenschaften der Karls-Universität, Albertov 6, Prag 2, ČSSR
Die Provisorische Kommission zur Genese von Erzlagerstätten
Jan Kutina (Sekretär)

[1]) Übers.: H. HAVEMANN, Berlin.

Besprechungen und Referate

MIRTSCHING, A.

Erdöl- und Gaslagerstätten der Sowjetunion und ihre geologische Bedeutung

Verl. Ferdinand Enke, Stuttgart 1964, 195 S., 33 Abb., 14 Tab., Ganzleinen DM 38,—

Seitdem die Sowjetunion die Produktion von Erdöl und Erdgas in ihrem eigenen Territorium so nachdrücklich vorantreibt, daß sie nunmehr unbestritten die zweite Stelle in der Weltproduktion einnimmt, ist die Kenntnis sowjetischer Erdöl- und Erdgaslagerstätten für die Fachkollegen in aller Welt von größter Bedeutung geworden. A. MIRTSCHING hat nach Vorlesungen, die er über dieses Thema an der Universität in Frankfurt a. M. gehalten hat, und auf Grund eines eingehenden Quellenstudiums, das über 10000 Originalarbeiten umfaßte, vorliegendes Buch geschrieben.

Es spiegelt den derzeitigen Kenntnisstand über die wichtigsten Erdöl- und Erdgasfelder der Sowjetunion wider, soweit er aus der Literatur erarbeitet werden kann. Wenn auch die vorliegenden Angaben sicher nicht als vollständig zu betrachten sind, so genügen doch die angeführten Zahlen, um die imponierende Entwicklung der Sowjetunion auf diesem Gebiet zu demonstrieren. So wurden in den letzten Jahren jährlich 300 bis 375 neue höffige Strukturen aufgefunden, von denen jeweils 200 bis 225 in die nähere Erkundung einbezogen werden konnten. Die bereits 1956 nachgewiesenen Vorräte an Erdöl betrugen 3,2 Mrd. t (Vergleich USA: 4,3 Mrd. t). Bis zum Winter 1963 waren in der UdSSR über 540 Erdöllagerstätten und 244 Erdgaslagerstätten bekannt. Auf Grund solcher Zahlen und Ergebnisse konnte der große Plan aufgestellt werden, der für 1980 die Produktion von 690 bis 710 Mill. t Erdöl und 680 bis 720 Mrd. m^3 Erdgas erwarten läßt.

Die Arbeit gliedert sich in einen allgemeinen Teil, in welchem neben der Geschichte vor allem Probleme der Bohrtechnik, der Förderung und des Transports behandelt werden. Er schließt mit einer Übersicht über die großen geologischen Einheiten des sowjetischen Territoriums.

Der spezielle Teil des Buches nimmt den Hauptumfang der Ausführungen ein. In ihm werden die einzelnen Lagerstättengruppen und Lagerstätten der Sowjetunion, gegliedert nach geographischen Gesichtspunkten, behandelt: Wolga-Ural-Gebiet, Nordkaukasus und Vorkaukasus, Ukraine, Weißruthenien und Moldawien, Aserbaidshan und Georgien, Nordkaspisches Gebiet, Russisch-Mittelasien, Westsibirien, Mittel- und Ostsibirien. Zahlreiche Profile, Schemata und Strukturkarten erläutern die textlichen Ausführungen. Am Ende eines jeden Abschnitts folgt eine ausführliche Aufzählung der wichtigsten Literatur, die sich mit den Lagerstätten des betreffenden Gebiets befaßt.

Ein Autorenregister und ein Sachregister beschließen das Werk.

Dieses Buch bietet eine Fülle von bisher wenig bekanntem Material, das in einer angenehm knappen und übersichtlichen Form dargeboten wird. Sein Studium ermöglicht dem Leser, sich ein klar umrissenes Bild über die Erdöl- und Erdgaslagerstätten der Sowjetunion zu machen, ein Bild, das bereits die jeweils wesentlichen Details enthält. Es ist dem Verfasser und dem Verlag zu danken, ein solch handliches, übersichtliches und deshalb sehr nützliches Werk der Fachwelt übergeben zu haben. K. KAUTER

FLANDRIN, I., & I. CHAPELLE

Le pétrole

Editions Technip, Paris 1961, 372 S.

Die beiden Verfasser, der eine ehemaliger Professor an der École Nationale Supérieure du Pétrole et des Moteurs, der andere Generalsekretär des Institut Français du Pétrole, stellten sich die Aufgabe, in einem für breitere Kreise lesbaren und für Studenten und Techniker nützlichen Buch einen Gesamtüberblick über die Probleme des Erdöls, von der Entstehung der Kohlenwasserstoffe bis zu den neuesten Entdeckungen, industriellen Entwicklungen und Zukunftsausblicken, zu geben.

Der erste Teil ist den Fragen der Genese und der Lagerstättengeologie, den Erkundungsmethoden, den Bohrverfahren und der Fördertechnik gewidmet und nimmt nahezu die Hälfte des Buches ein. Der zweite Teil befaßt sich mit der Geologie und Verteilung der erdöl- und erdgasführenden Schichten in den Hauptproduktionsländern und behandelt die höffigen Gebiete der USA, des Nahen Ostens, der UdSSR, Venezuelas und Kanadas sowie besonders eingehend die von Frankreich und der an Frankreich wirtschaftlich angeschlossenen Länder Afrikas.

Der dritte Teil gilt in den beiden ersten Kapiteln den Fragen der Weltreserven und der Weltproduktion und damit auch der Regelung dieser Produktion sowie der Technik und Ökonomie der Speicherung und des Transports (Pipelinesysteme). In vier weiteren Kapiteln werden die Verarbeitung des Erdöls, die Raffinierung, Fraktionierung, Umwandlung und Reinigung, behandelt. Die auf das Erdöl gestützte chemische Industrie wird nur mit ein paar statistischen Angaben bedacht. Auch der technisch-ökonomischen Geschichte und der Weltverteilung des Erdgases gelten nur wenige Seiten. Ausführlicher ist der historische und kommerzielle Überblick über die großen Erdölgesellschaften und besonders eingehend naturgemäß das Schlußkapitel über den gesamten Komplex der französischen Erdölindustrie.

Das mit Bildbeigaben und Tabellen reich ausgestattete Buch zeichnet sich durch die Knappheit und Klarheit der stets auf das Wesentliche beschränkten sachkundigen Darstellungen aus und darf als ein populäres und instruktives Fachbuch vorbildlich genannt werden. H. HAVEMANN

NIND, T. E. W.

Principles of oil well production

McGraw Hill Book Co., New York—San Francisco—Toronto—London 1964. XIV u. 364 S., viele Abb. u. Tab., sh 97,— ($ 12,50)

Das vorliegende Buch ist für den Gebrauch des Förderingenieurs bestimmt. Prinzipien und Verfahren sind die Themen, welche der Verfasser in prägnanter Weise dem Leser nahebringen will. Die eigentliche Technik, also die Werkzeuge, werden nicht behandelt. Der Autor geht aus von den fundamentalen physikalischen Eigenschaften der Gesteine, behandelt dann die Grundgesetze der Entölung, die Hydraulik einer fördernden Sonde in allen ihren Phasen, die einzelnen Fördermethoden und die Prinzipien der Instrumente für die Überwachung des Pumpprozesses. Den Schluß des Buches bildet ein Kapitel über ökonomische Probleme, die mit der Förderung zusammenhängen. Obgleich vom Standpunkt der kapitalistischen Wirtschaftsführung gesehen, enthält es eine Reihe anregender Untersuchungen, die für jedes Wirtschaftssystem gültig sind.

Ganz allgemein verzichtet das Buch auf komplizierte theoretische Abhandlungen, vielmehr ist alle Theorie der doch so schwierigen und noch längst nicht völlig gelösten Probleme in eine handliche Form gebracht und in leicht überschaubare mathematische Formeln gegossen. Oft treten empirische Ergebnisse anstelle der schwer faßbaren Theorie. Am meisten wird aber den Anfänger freuen, daß zu jedem Problem ein völlig durchgerechnetes Beispiel vorhanden ist, das ihn schnell in die Methode einführt. Insgesamt ist es somit ein sehr brauchbares und praktisches Werk, das sicher viele Freunde finden wird.

Druck und Ausstattung sind wie bei allen Büchern dieses Verlages ausgezeichnet. Ein Autoren- und Sachregister macht es auch als Nachschlagwerk geeignet.

MEINHOLD

CHAPELLE, I.

URSS, second producteur de pétrole du monde

Publications de l'Institut Français du Pétrole, Collection „Science et Technique du Pétrole", Nr. 4, Editions Technip, Paris 1963, 314 S.

Die unaufhaltsame Entwicklung der sowjetischen Erdölindustrie erregt in kapitalistischen Ländern ein wachsendes Interesse, eine gewisse politische Beunruhigung und verstärkt damit auch das Verlangen nach gründlicher Information. Um sich diese zu ermöglichen, richtete das Institut Français du Pétrole 1957 einen russischen Dokumentationsdienst ein, dessen Leiterin, S. KETCHIAN, dem Verfasser des vorliegenden Buches ein umfangreiches sowjetisches Informationsmaterial zugänglich gemacht hat. Wenn also das mit sehr vielen Tabellen, Karten, Diagrammen und einem beträchtlichen Literaturverzeichnis ausgestattete Buch über den Gesamtkomplex der sowjetischen Erdölindustrie in übersichtlicher Gliederung mit erstaunlicher Ausführlichkeit zu berichten weiß, so ermöglichen die sowohl abschnittsweise wie zusammenfassend gegebenen Literaturhinweise an jedem Punkte eine Nachprüfung. Dadurch wird dieses von dem fachkundigen zweiten Generalsekretär des Instituts mit Klarheit geschriebene Handbuch zu einer wertvollen Informationsquelle.

Die acht Kapitel beginnen mit einem geographischen, politisch-administrativen und ökonomischen Gesamtüberblick über die Republiken der UdSSR, dem ein solcher über die Erdölindustrie folgt, worauf das dritte Kapitel, in dem die einzelnen Produktionsgebiete gründlich behandelt sind, etwa die Hälfte des Buches einnimmt. Die weiteren Kapitel sind der Verarbeitung des sowjetischen Erdöls (ebenfalls regional gegliedert), der Entwicklung des Erdöltransports, dem Erdgas, dem Erdölexport (u. a. nach den jungen, vom Kolonialismus befreiten Nationalstaaten) und schließlich der wissenschaftlichen Planung und der Arbeit in den Forschungsinstituten gewidmet.

Die Schlußbetrachtung hebt die statistisch erkennbaren überragenden Fortschritte in allen Zweigen der Erdölindustrie, die die Sowjetunion aufzuweisen hat, nochmals hervor. H. HAVEMANN

VALENTINE, J. W.

Biogeographic units as biostratigraphic units

„Bull. Am. Assoc. Petrol. Geol.", Tulsa, **47** (1963), 3, S. 457–466, 2 Abb.

Der Autor versucht nachzuweisen, daß die im Code of Stratigraphic Nomenclature der USA (1960) definierte „Zone" der Biostratigraphie nur die vertikale Abfolge berücksichtigt und deshalb nicht ausreichend ist. Die biostratigraphische Zone im obigen Sinne müßte deshalb durch eine biogeographische Einheit ergänzt werden, welche die laterale Variabilität berücksichtigt, z. B. durch Zusatz von „Range", Verbreitungsgebiet, wobei man Bezeichnungen wie „*Dosinia-Ponderosa*-Range-Zone" bekommt, oder indem man „Provinz" einführt. MEINHOLD

BREDEHOEFT, J. D., C. R. BLYTH, W. A. WHITE & G. B. MAXEY

Possible mechanism for concentration of brines in subsurface formations

„Bull. Amer. Assoc. Petrol. Geol.", Tulsa, **47** (1963), 2, S. 257–269, 8 Abb.

Die Arbeit behandelt das Problem, weshalb unterirdische Wässer oft ein Vielfaches der Salzkonzentration des Meerwassers haben. Es wird folgender Mechanismus vorgeschlagen: Tone wirken als semipermeable Membranen und halten gewisse Ionen zurück. Unter artesischen Bedingungen tritt das Wasser am Ausbiß der Wasserleiter ein und steigt in den Entlastungsgebieten auf, wobei durch die Wirkung der Tongesteine eine Reihe von Ionen im Wasserspeicher zurückgehalten werden. Anhand eines theoretischen mathematischen Modells werden Kurven für die Konzentration in Abhängigkeit von der Entfernung vom Einzugsgebiet entwickelt, die gut die tatsächlichen Verhältnisse wiedergeben. MEINHOLD

H. ANDREAE

Neue hydrometrische Verfahren

VEB Deutsch. Verl. Wiss., Berlin 1964. — 187 S., 34,— DM

Das nunmehr in 3. Auflage vorliegende Werk der Hydrometrie zeigt, wie sehr dieses bisher Verbreitung und Anerkennung gefunden hat. Es ist daher zu begrüßen, wenn nach der rasch vergriffenen 2. Auflage das Buch jetzt in wesentlich erweiterter und verbesserter Form unter obigem Titel herausgekommen ist. Damit haben Verfasser und Verlag den Wünschen zahlreicher Fachleute Rechnung getragen.

In dem Geleitwort des so verdienten Hydrologen DENNER kommt zum Ausdruck, wie notwendig es ist, exakte Meßverfahren zur Ermittlung unseres Wasserhaushalts, entsprechend dem heutigen Stand unserer Technik, zu entwickeln.

Es ist ein besonderes Verdienst des Verf., die vielseitigen Erscheinungsformen des Wassers durch neue Meßverfahren erforschen zu helfen. Mit der vorliegenden Arbeit wird ein wertvoller Beitrag zur Entwicklung der modernen Hydrometrie geleistet.

Das Buch besteht aus 3 Hauptteilen, wobei der I. und II. Teil in überarbeiteter Form dem Text der 1. bzw. 2. Auflage entspricht. Dies erweist sich als zweckmäßig, weil die im III. Teil beschriebenen Verfahren eng mit den früher beschriebenen zusammenhängen bzw. sie ergänzen. Den größten Raum im III. Teil nehmen aber die neuentwickelten Geräte und Methoden ein (elektronische Meßwertanzeiger, elektrodynamische Strömungsdruckwaage u. a.). Es ist besonders erfreulich, daß in dieser Auflage die physikalischen und technischen Details noch besser und übersichtlicher ausgeführt worden sind, so z. B. die normgerechten Zeichnungen und Schaltskizzen. Auch die bisherigen Ergebnisse mit ausgewerteten Meßreihen und Fehleranalysen sowie ein Kapitel über graphische Darstellungsmethoden von hydrologischen Daten weisen auf das ständige Bemühen des Verf. hin, die Geräte in der Praxis einzusetzen und dabei ständig zu verbessern.

Das sehr sorgfältige Sachwort- und Namenregister erleichtert das Arbeiten mit diesem Buch, das als Anhang überdies ein sehr umfangreiches und wertvolles Literaturverzeichnis mit bibliographischem Charakter aufweist.

Es ist zu hoffen, daß das auch vom Verlag sehr gut ausgestattete Buch im In- und Ausland die gleiche Anerkennung finden möge wie schon die vorigen Auflagen. Allen Wasserfachleuten, Hydrogeologen und Bodenkundlern sowie Studenten der Hydrologie darf es sehr empfohlen werden. R. HERRMANN

E. DOLAK

Einige Versuche mit offenen radioaktiven Präparaten in Tiefbohrungen

„Erdöl-Zeitschrift", Wien, Kongreßausgabe, Juni 1963, S. 86–91

Verfasser beschreibt umfangreiche, in zahlreichen Bohrungen des Wiener Beckens durchgeführte Untersuchungen und Versuche mit radioaktiv markierten Zementen zur Bestimmung des Zementkopfes, der Verunreinigung der Zementschlämme durch Spülung sowie der Abdichtung des Ringraumes. Als geeignetes Isotop erweist sich neben Jod 131 vor allem Scandium 46, welches eine günstige Halbwertszeit, geringe Radiotoxität und harte Strahlung besitzt. Großer Wert ist auf die strenge Einhaltung der Sicherheitsvorschriften zu legen. Bei den Versuchen wurden in keinem Fall kritische Strahlungsintensitäten erreicht. Zur Feststellung des eingesetzten radioaktiven Materials muß dessen Aktivität größer sein als die der anstehenden Gesteine. Die natürliche Schichtenaktivität wird mit 0,01 mC/m³ angenommen. Bei fünffach höheren Aktivitäten im Ringraum läßt sich bereits die Zementverteilung in Kavernen und Engstellen gut erkennen. Bei ungünstigen Bedingungen sind größere Intensitäten erforderlich. Mit den markierten Zementschlämmen wurden eine Reihe Untersuchungen durchgeführt. Bei Zementkopfbestimmungen ist die Oberkante des Zementes gut erkennbar. Darüber hinaus wurden auch in Sonden interne Zementkopfbestimmungen durchgeführt, wo verschiedene Zementsorten eingesetzt wurden. Dabei stellte man eine starke Durchmischung der einzelnen Sorten fest. Gleiche Effekte konnten auch mit Bohrspülung nachgewiesen werden. Aus den Messungen lassen sich nachfolgende Schlußfolgerungen ableiten: Kurze Fließstrecken und niedrige Geschwindigkeit (1 m/sec) bedingen die geringste Vermischung. In weiten Ringräumen ist die Durchmischung stärker. 100 bis 200 m über dem Rohrschuh sind große Spülungsrückstände anzutreffen. Diese konnten auch durch das Zement-Bond-Log deutlich nachgewiesen werden.

Außerdem stellte man an Fördersonden durch radioaktive Untersuchungen fest, ob Zuflüsse von Wasser, Gas oder Sand aus den produzierenden Schichten stammen. Fehler in der Zementation konnten erkannt und lokalisiert sowie durch zweckmäßige Rezementation erfolgreich beseitigt werden. K. SCHULZE

PERKOW, N. A.

Interpretation der Resultate von Bohrlochmessungen

Gostoptechisdat, Moskau 1963; 436 S., 168 Abb., 37 Tab., 127 Lit.

Die jüngst erschienene Neuauflage dieses Standardwerks ist das Produkt einer weiteren Vervollständigung und Überarbeitung der bereits in der vorhergehenden Auflage enthaltenen Probleme. In ebenso einfacher wie klarer Form erläutert der Autor den methodischen Apparat der Bohrlochgeophysik und sieht dabei von einer anspruchsvollen mathematischen Ableitung der verwendeten Gleichungen und Nomogramme ab. Dadurch wird das Werk nicht nur dem mit den detaillierten Fragen der Bohrlochgeophysik vertrauten Spezialisten zugängig, sondern kann einem jeden auf diesem Gebiet Arbeitenden eine wertvolle Wissensquelle sein. Der Verf. beschränkt sich nicht nur auf die Interpretation von Meßergebnissen aus Bohrungen auf Erdöl und Erdgas, er bezieht auch die Suche nach Kohle, Erzen und anderen Bodenschätzen mit ein.

Nachdem auf die physikalischen Grundlagen der elektrischen und radiometrischen Methoden eingegangen worden ist, werden mit variierender Ausführlichkeit die Grundlagen der Gaslog-, der Akustiklog- und anderer Methoden sowie deren Interpretation dargelegt. Allerdings muß festgestellt werden, daß die Behandlung des letzten Problemkreises nur als ein Umreißen der Thematik gelten kann.

In einem sich auf über einhundert Seiten erstreckenden Teil des Werks geht der Autor auf die geologische Interpretation von Bohrlochmeßergebnissen ein. Recht ausführlich werden solche Fragen wie Korrelation von Bohrprofilen, Bestimmung der lithologischen Zusammensetzung der Gesteine nach dem Bohrlochmeßdiagramm, Ausgliederung von Speichergesteinen und dergleichen mehr behandelt.

Der letzte, größere Teil der Arbeit ist der quantitativen Interpretation gewidmet. Hier werden besonders gründlich die verschiedensten Methoden der Porositätsbestimmung dargelegt. Besondere Beachtung dürften hier die Fragen der Porositätsbestimmung mit Hilfe des Neutron-Gamma-Logs finden. Methoden zur Bestimmung der Öl- und Gassättigung und der Permeabilität werden recht gedrungen dargelegt.

Bei der Bearbeitung von Bohrlochmeßergebnissen aus Bohrungen auf feste Bodenschätze wie Kohle, Erze, Salze u. a. wird, abgesehen von Versuchen einer Dichtebestimmung, leider kaum mehr als eine qualitative Interpretation, verbunden mit der Aufzählung der jeweils effektivsten Meßprogramme, geboten.

Abschließend muß noch einmal betont werden, daß der Autor eine Vielzahl hervorragender methodischer Hinweise gibt. Die einfache Darlegung des Stoffs ermöglicht ein weiteres Vertiefen in die Probleme der Bohrlochgeophysik und macht damit dieses Fachgebiet auch den Geologen, Tiefbohringenieuren usw. zugängig, was sich in der Folge positiv auf die bohrlochgeophysikalischen Messungen auswirken wird.

K. BENDZKO

RANKAMA, K.

Progress in Isotope Geology

John Wiley & Sons Ltd., New York u. London 1963; 705 S., Autoren- und Sachregister, zahlreiche Abb. u. Tab., 150 sh.

Die Isotopengeologie, besser wohl als Isotopen- oder Nukleargeochemie zu bezeichnen, ist heute zu einer exakten Arbeitsmethode im Gesamtbereich der Geowissenschaften geworden und hat sich zugleich zu einer eigenen Arbeits- und Forschungsrichtung entwickelt.

Dieser Entwicklung Rechnung tragend, brachte K. RANKAMA bereits 1954 sein bekanntes Werk „Isotope Geology" heraus, das auch heute noch in seiner umfassenden und zugleich äußerst klaren und gut gegliederten Darstellung als bestes Standardwerk auf diesem Gebiet angesehen werden kann.

Die Isotopengeologie hat sich in den letzten Jahren äußerst schnell entwickelt, ihre Anwendungsmöglichkeiten erweitert und neue Ziele und Möglichkeiten aufgezeigt. Es ist das große Verdienst K. RANKAMAS, die besonders zwischen 1954 und 1957 erschienene Vielzahl neuer Daten und Erkenntnisse wohl vollständig erfaßt und in dem nunmehr vorliegenden „Progress in Isotope Geology" zusammenfassend dargestellt zu haben. Das Literaturstudium hierzu wurde 1959 abgeschlossen, und RANKAMA bemerkt, daß das ständige Anwachsen der Literatur es dem einzelnen kaum noch ermöglichen wird, künftig ähnliche zusammenfassende Übersichten über die Entwicklung der Isotopengeologie zu schaffen. Die Vielzahl der Arbeiten und Vielfalt der behandelten Probleme zwangen den Autor verständlicherweise auch dazu, den Leser in den meisten Fällen direkt mit den Ansichten des betreffenden Autors zu konfrontieren, wobei aber stets auf die Originalarbeit hingewiesen wird. RANKAMA selbst bezeichnet daher das vorliegende Werk bescheiden als „more or less a progress report" seiner 1954 erschienenen „Isotope Geology". Wenngleich sich das Werk auf die Mitteilung der neuen Ergebnisse konzentriert, sprengt es doch den Rahmen eines Fortschrittsberichtes. Als besonders vorteilhaft erweist sich die der „Isotope Geology" annähernd gleichende Anlage und Gliederung dieses Buches, die es zu einer sehr wertvollen und in jeder Hinsicht gelungenen Ergänzung des erstgenannten fundamentalen Werks macht.

Da die „Isotope Geology" als allgemein bekannt vorausgesetzt werden kann, erübrigt sich an dieser Stelle eine detaillierte Darstellung des Inhalts. Der praktische Geologe sei besonders auf die Kapitel „Anwendung der Radioaktivität für die Geowissenschaften" und „Kernreaktionen in der Natur" im ersten, allgemeinen Teil des Buchs aufmerksam gemacht, in dem weitere Kapitel die Fortschritte auf dem Gebiet der Elementarteilchen, der Isotope einschließlich ihrer künstlichen und natürlichen Trennung, der Radioaktivität und der Massenanalyse vermitteln.

Im zweiten, auch als spezielle Isotopengeochemie zu bezeichnenden Teil werden die neueren Kenntnisse über die Verteilung und das Verhalten der Isotope fast aller Elemente des Periodensystems behandelt und zugleich ihre Anwendungsmöglichkeiten aufgezeigt. Von besonderem Interesse dürften für den obengenannten Leserkreis in diesem Teil des Werks die Fortschritte der absoluten Altersbestimmung sein. Das Werk wird ergänzt durch eine Tabelle wichtiger Konstanten und Umrechnungsfaktoren, eine Tabelle der Atomgewichte von 1957, eine Tabelle des Baus der Atomkerne aller Elemente und ein Periodensystem der Elemente. In dem 70 Seiten umfassenden Literaturverzeichnis kommt noch einmal die umfangreiche, mühevolle Arbeit des Autors zum Ausdruck, die er diesem „Fortschrittsbericht" gewidmet hat und für die ihm aufrichtig zu danken ist. Das Werk „Progress in Isotope Geology" kann in Verbindung mit der „Isotope Geology" des gleichen Autors als das derzeit umfassendste und beste Werk auf diesem Gebiet angesprochen werden, und es wäre zu hoffen und zu wünschen, daß dieses Werk K. RANKAMAS weiterhin seine ergänzende Fortsetzung etwa in Form des vorliegenden „Berichtes" erfahren wird.

M. KRAFT

CAMBEFORT, H.

Bohrtechnik — Tief-, Gründungs- und Erkundungsbohrungen

(Deutsche Bearbeitung der 2. Auflage H. NEUMEUER & D. SCHAPER), Bauverlag, Wiesbaden—Berlin 1964. 420 S., 383 Abb.

Mit diesem neuvorliegenden Fachbuch ist die deutsche Fachliteratur auf dem Gebiet der Bohrtechnik um ein internationales Standardwerk bereichert worden.

Das dreiteilig angelegte Werk berichtet im 1. Teil — Gesteinsbohrungen — über die durch das jeweils anstehende Gebirge auftretenden Widerstände, die von den Bohrwerkzeugen zu überwinden sind, und die um das Bohrloch auftretenden Spannungen und ihre Probleme.

Logisch darauf aufbauend wird das Gebiet der Spülung umfassend behandelt.

Das Bohren im lockeren und festen Gestein mit allen üblichen Bohrwerkzeugen und dazu gebräuchlichen Bohrverfahren für Tief- und Flachbohrungen wird eingehend erläutert. Hierbei wird dem Bohren mit Diamanten große Aufmerksamkeit gewidmet.

Während die Bohrgeräte nur relativ kurz und unvollständig besprochen werden, geht der Verf. auf die praktische Anwendung der Ausrüstungen näher ein. In diesem Rahmen wird auch der neueste Stand des Turbinebohrens beschrieben.

Weiter werden Probleme des Bohrlochverlaufs, seine Kontrolle und Fragen des gerichteten Bohrens anschaulich mit den hierfür verwendeten Werkzeugen durchgesprochen.

Nach Beschreibung der Verrohrung und Zementierung werden Anleitungen zur Beseitigung für zahlreiche Havarien gegeben.

Im zweiten Teil — Aufschlußbohrungen — wird auf den so interessanten und wichtigen Komplex des Kernbohrens intensiv eingegangen. Neben der Probenahme ungestörter Bodenproben, vornehmlich für die Ingenieurgeologie, mit eingehender Schilderung der verschiedenen Entnahmegeräte im Lockergestein wird das abschnittsweise und unterbrochene Kernen im zusammenhängenden Gebirge gut dargestellt.

Unter dem Titel „Sonderverfahren der Kerngewinnung" wird dem neuesten Stand der Bohrlochvermessung mit geophysikalischen Verfahren ein bedeutender Platz eingeräumt.

Abgeschlossen wird der zweite Teil mit Erläuterungen über Untersuchungen der Strömungsverhältnisse im Bohrloch, vor allem nach LEFRANC und LUGEON, wobei schließlich auch noch Methoden und Meßgeräte zum Feststellen des Einfallens und Streichens der Schichten behandelt werden.

Den Bohrungen im Bauwesen widmet der Autor seinen dritten Teil. Dem Leser wird ein vielfältiger Einblick in die wichtigsten Gebiete der ingenieurgeologischen Bohrungen vermittelt.

Dieses Fachbuch stellt eine gelungene und sinnvolle Verbindung der tiefen Erdölbohrungen über den breiten Raum der Schürfbohrungen zu den flachen Untersuchungsarbeiten im Bauwesen dar. Die gegenseitige Befruchtung der einzelnen Spezialzweige wird offensichtlich.

Es ist dem Verf. gelungen, dem Praktiker eine gute Richtschnur zu geben durch die lehrreichen Beispiele, die sich stets auf das Wesentliche konzentrieren und die Verfahren anschaulich gestalten. Aber auch der Außenstehende wird einen umfassenden Einblick in die vielen Zweige der Bohrtechnik erhalten und sich nicht der sachlichen Darstellung entziehen können.

Einen Mangel stellt das fehlende Literaturverzeichnis dar. Leider fanden auch die Erfahrungen der sozialistischen Länder auf diesem Gebiet kaum Eingang.

Anerkennung und Dank ist den deutschen Bearbeitern zu sagen für ihre gute Übertragung des Werkes in die deutsche Sprache. BRESKE

FAST, C. R., & D. H. FLICKINGER

Neue Frac-Technik kann die Produktion erhöhen

„World Oil", Houston 1963, Bd. 157, 6, S. 74–76, 4 Abb.

Es gilt, die Permeabilität der Risse für die Produktion zu erhöhen. Um die Aufrechterhaltung der Risse zu gewährleisten, wird das Füllmaterial aus deformierbaren und löslichen Körnern gemischt. Der lösliche Bestandteil besteht aus einem harten Spezialharz, der unlösliche setzt sich aus gekörnten Nußschalen, Aluminium oder Plasten zusammen. Das Harz löst sich bei der Förderung vollständig in Öl, die nichtlöslichen Körner bleiben gut verteilt in einer Lage zurück, die eine hohe Permeabilität gewährleistet. Das Mischungsverhältnis unlöslicher zu löslichen Körnern ist 1:3 bis 1:4. R. MEINHOLD

PRESCHER, H.

Jahrbuch des Staatlichen Museums für Mineralogie und Geologie zu Dresden 1963

Theodor Steinkopff, Dresden und Leipzig 1963, 328 S., 52 Abb., 161 Fig. auf 16 Taf., 30,— DM

Mit der Ausgabe 1963 des Jahrbuches des Staatlichen Museums für Mineralogie und Geologie zu Dresden wird wiederum ein recht interessantes Heft vorgelegt. Nachdem wie üblich kurz über die Arbeit des Museums sowie die im Sommer 1962 durchgeführte Exkursion berichtet wurde, setzen H. J. FIEDLER & H. SCHMIEDEL ihre im vorigen Jahrbuch begonnene Beschreibung der Böden des Tharandt-Grillenburger Waldes mit Ausführungen über die Bodenbildung im Bereich der Quarzporphyre und Grauen Gneise fort. Danach folgt der ziemlich umfangreiche, mit zahlreichen guten Abbildungen ausgestattete Aufsatz D. H. MAIS über die Flora des tertiären Polierschiefers von Seifhennersdorf. Nicht weniger interessant dürften auch die Darlegungen W. REMYS, D. ANDREAS' & A. KAMPES über ihre Forschungsergebnisse im Stephanien des Saaletroges sein. Von der Befahrung eines alten Stollens im Plauenschen Grund, der sog. „Kupferhöhle", handelt der Beitrag von S. BÖRTITZ, vom merkwürdigen Schicksal eines Briefes des DESIDERIUS ERASMUS an GEORGIUS AGRICOLA derjenige U. HORSTS. Auf fast hundert Seiten vermittelt uns schließlich P. R. BEIERLEIN einen ausgezeichneten Überblick über die Geschichte der erzgebirgischen Marmorbrüche.

Sehr zu begrüßen ist außerdem H. PRESCHERS Zusammenstellung der 1951–1960 erschienenen geologischen Literatur über Sachsen. Damit liegt nun gemeinsam mit den Arbeiten A. JENTZSCHS (1874) sowie K. PIETZSCHS (1922 und 1953) für den Zeitraum von 1835 bis 1960 eine nahezu lückenlose Literaturübersicht vor. D. FRANKE

LIEBER, W.

Der Mineraliensammler

Ott-Verlag, Thun u. München 1963. 225 S., 56 Abb. i. Text, 26 Taf., z. T. farbig, 9 Kristallmodellvorl., 5 Fundortkarten

Dieses Buch spricht in gleicher Weise Laien und Fachkundige an, die „Mineraliensammler" sind bzw. werden wollen. Es wurde von einem Praktiker geschrieben und trägt von der ersten bis zur letzten Zeile die Kennzeichen der Praxis. Prof. CHUDOBA setzte ein gebührendes Geleitwort diesem Buch voran. Es stellt einen Leitfaden zum Sammeln von Mineralien dar und gibt wichtige Hinweise zum Aufbau von Sammlungen. Die Ausführungen sind unterbaut von allgemeinverständlichen Einführungen in die Wissensgebiete der Mineralogie und Kristallographie.

Das Verzeichnis der Fundorte ist eine Fundgrube für über 1000 Orts- bzw. Grubennamen, die den Sammlern detaillierte Hinweise vermitteln. Etwa 500 Mineralnamen neuester Schreibweise geben einen Eindruck von der Vielfältigkeit und vom Umfang dieses Wissensgebietes. Fundortkärtchen und Vorlagen zum Anfertigen von Kristallmodellen unterstreichen noch einmal mehr den praktischen Wert dieses wohlgelungenen und übersichtlich gestalteten Buches, dessen Text durch sehr gut ausgewählte und z. T. farbig wiedergegebene Abbildungen wohltuend aufgelockert ist.

K. KAUTER

Neuerscheinungen und Literaturhinweise

Anonym

Materialien zur Lagerstättengeologie nichtmetallischer Rohstoffe

Trudy VSEGEI, Leningrad 1962. – 146 S.

BUJALOW, N. I., u. a.

Methodik der Bemusterung prognostischer Erdöl- und Erdgasvorräte

Gostoptechisdat, Leningrad 1962. – 81 S.

MICHAJLOW, L.

Die unterirdischen Wässer des erdöl-erdgasführenden artesischen Beckens von Buchara—Karši

Gostoptechisdat, Leningrad 1962. – 165 S.

PATTERSON, S. H., & J. W. HOSTERMAN

Geology and refractory clay deposits of the Haldeman and Wrigley quadrangles, Kentucky. With a section on coal resources by JOHN W. HUDDLE

„Geological Survey Bulletin", Washington 1962. – 113 S.

KREJTER, W.

Die Strukturen der Erzfelder und -lagerstätten

Gosgeoltechisdat, Moskau 1956, 270 S.

MJAGKOW, W.

Über die Auswahl der Komponenten für die Analyse von Kalisalzproben bei der Grubenerkundung der Schachtfelder in der Lagerstätte an der oberen Kama

Voprosy metodiki oprobovanija rudnych mestoroshdenij pri rasvedke ekspluatacii, 1962

KALINKO, M.

Die Methodik der Untersuchung der Speichereigenschaften von Kernen

Gostoptechisdat, Moskau 1963, 223 S.

SILIN-BEKTSCHURIN, A.

Die unterirdischen Wässer Nordafrikas

Isdat. AN SSSR, Moskau 1962. – 201 S.

Nachrichten und Informationen

Erdöl/Erdgas

Umstrittene Höhe der Welterdölvorräte

Die Frage der Weltvorräte an Erdöl (und Erdgas) ist nicht lediglich von theoretischer, sondern — angesichts der wahrscheinlichen Verdoppelung des Weltenergiebedarfs bis zum Jahre 2000 — von großer praktischer Bedeutung. Wird die ungehemmte Steigerung des ökonomisch so vorteilhaften Erdölverbrauchs auf die Dauer vertretbar sein, werden Einschränkungen zugunsten der heute zurückgedrängten Kohle notwendig sein, oder sind alle Bedenken unangebracht? Die gegenwärtigen Schätzungen, mit denen sich der „Petroleum Press Service", London, Januar 1964, kritisch beschäftigt, gehen sehr weit auseinander. Da die nachgewiesenen und auch die wahrscheinlichen Vorräte ständig zunehmen, handelt es sich hier um die maximal möglichen oder „endgültigen" Vorräte.

Nach der vorsichtigen Schätzung, die der bekannte US-Experte L. G. WEEKS im Sommer 1963 auf dem Frankfurter Erdölkongreß gab, betragen diese etwa 280 Mrd. t. Nach einer jüngeren amerikanischen Schätzung (G. C. MCGHEE) liegen sie zwischen 125 und 400 Mrd. t. Sowjetische Forscher aber gelangen zu ganz anderen Ergebnissen. Nach einer in der Beilage „Nedelja" der „Iswestija" wiedergegebenen Neuberechnung belaufen sich die möglichen Weltvorräte auf 2,5 Billionen t. Davon seien 775 Mrd. t mit dem bisher üblichen Verfahren gewinnbar. Diese Schätzung stützt sich auf die besonders in der Sowjetunion, aber u. a. auch von dem britischen Nobelpreisträger Sir ROBERT ROBINSON vertretene Theorie der Erdölentstehung aus anorganischer Materie. Die sowjetischen „Anorganiker" sind der Meinung, daß Ausgangsstoffe für die Bildung von Kohlenwasserstoffen in solcher Fülle vorhanden seien, daß eine mögliche Erschöpfung der Erdöl- und Erdgasvorräte nicht in Frage komme. Sie vermuten daher große Vorkommen auch in Gesteinsschichten, die weitab von allen Sedimentbecken liegen. Ein neuer Erdölfund im ostsibirischen Kambrium spreche u. a. für diese Annahme. Durch die Tatsache der Migrationen von Erdöl in Gesteinen, die als Muttergesteine nicht in Betracht kommen, wird natürlich das Problem der Erdölentstehung sehr kompliziert.

Bei den genannten amerikanischen und vermutlich auch den sowjetischen Schätzungen ist das Öl der riesigen Ölschiefer- und Teersandvorkommen, deren großzügige Ausbeutung der Zukunft vorbehalten bleibt, noch ganz unberücksichtigt. Allein die Ölschiefervorkommen der USA, die nicht einmal die größten der Erde sind, sollen Ölmengen enthalten, die 250 Mrd. t Kohle entsprechen. —Ha—

Neue Erdölfunde in Westdeutschland

Im Dogger gamma traf die Bohrung Barsfleth 4 einen Ölsandhorizont an. Die tägliche Rohölförderung aus dieser Schicht beträgt rd. 25 m^3. Die Ausdehnung dieses Erdölvorkommens ist noch nicht geklärt. Es ist deshalb beabsichtigt, weitere Bohrungen niederzubringen. Der Fund gelang im Anschluß an die westlich des Salzstocks von Heide fündig gewordene Bohrung Barsfleth 2 („Brennstoff-Chemie", 3/64). Hier wurde ebenfalls im Dogger gamma eine neue Erdöllagerstätte erschlossen. Nordwestlich des Erdölfeldes Hademsdorf wurde die Bohrung Ahrensheide V 7 fündig. Die ungefähr 8 km südlich Walsrode abgeteufte Aufschlußbohrung erreichte ölführende Sande des Valendis und Wealden. Das spezifische Gewicht des Rohöls beträgt etwa 0,87. Zur Klärung der Ausdehnung der Ölführung sind weitere Bohrungen notwendig. —s—

90 Mrd. m^3 Erdgas in der Emsmündung

Die durch die Bohrung Bierum 1 bei Delfzijl auf der niederländischen Seite und die Bohrungen Groothusen Z 1 und Z 2 auf der westdeutschen Seite der zwischen den Regierungen vereinbarten Grenzlinie nachgewiesenen sicheren Erdgasvorräte in der Emsmündung werden mit 90 Mrd. m^3 angegeben („Erdöl-Zeitschrift", Wien, Februar 1964). Den beiden ausbeutenden Gesellschaften Nederlandse Aardolie Mij und Brigitta, Hannover, steht je die Hälfte davon, also 45 Mrd. m^3 zu. Über die außerhalb des Grenzstreifens vorhandenen Vorräte fehlen noch nähere Angaben. Die westdeutsche Jahresförderung, die 1963 mit einem Anstieg um 50% 915 Mill. m^3 erreichte (davon 338,6 Mill. m^3 im Weser-Ems-Gebiet, 262,1 Mill. m^3 im Emsland, 215 Mill. m^3 im Alpenvorland), dürfte durch die Förderung aus den Feldern der Emsmündung einen weiteren erheblichen Auftrieb erhalten.

Für die Erdgas- und Erdölerkundung im deutschen Nordseegebiet wurde von dem westdeutschen Nordsee-Konsortium bei den Kieler Howaldtswerken der Bau einer Bohrinsel von 68,6 mal 42,7 m Größe in Auftrag gegeben, die noch im Spätsommer 1964 eingesetzt werden soll. Das Bohrgerät reicht aus, um Teufen bis zu 6500 m zu erreichen. Das Konsortium, das außerdem mehrere Bohrinseln gechartert hat, investiert etwa 100 Mill. DM für die Nordseebohrungen. —Ha—

Neues Erdgasvorkommen am Ob

Im Gebiet Jamalo-Neutsi in der sibirischen Taiga wurde bei Tasowsk nahe Salegard am Ob ein Erdgasvorkommen erbohrt, das noch bedeutender sein soll als das Vorkommen von Gasli, das bisher größte in Mittelasien. Die erste Bohrung liefert aus 1128 m Teufe täglich etwa 1 Mill. m^3. Weitere Aufschlußbohrungen sind im Gange. Auch tiefere Schichten sollen untersucht werden. Eine 400 km lange Pipeline nach dem Industriegebiet von Norilsk ist geplant. —Ha—

Erdgasspeicher in der ČSSR

In Lobodice soll ein Erdgasspeicher mit einer Endkapazität von 100 Mill. m^3 errichtet werden. Seine Fertigstellung ist für 1970 vorgesehen. Die Maße des unterirdischen Speichers liegen zwischen 5 und 30 m in der Höhe und 400 bis 500 m in der Länge („Brennstoff-Chemie", 4/1964). Die ersten Lagerversuche sind für Ende 1964 geplant. —s—

Eine dritte Pipeline Mittelmeer—Süddeutschland

Nachdem 1963 zunächst die große Erdölleitung Marseille—Straßburg—Karlsruhe mit Zweigleitung nach Ingolstadt in Betrieb genommen und der Bau der Leitung des ENI-Konzerns von Genua nach Ingolstadt und Bietigheim so weit vorgetrieben wurde, daß sie Mitte 1964 betriebsfertig geworden ist, nimmt nun bereits ein drittes Pipelineprojekt feste Form an („Neue Zürcher Zeitung", 4. 12. 1963). Es wird von den Konzernen BP, ESSO und Mobil Oil in Verbindung mit deutschen Gesellschaften geplant und zielt darauf, zwischen der Adria und Bayern die kürzeste Verbindung herzustellen. Es wird an einen Jahrestransport von 40 bis 50 Mill. t durch diese Leitung von 1970 ab gedacht. —Ha—

Kohle

Die Entwicklung des bulgarischen Kohlenbergbaus

Für 1980 ist in der VR Bulgarien die Gewinnung folgender Brennstoffmengen vorgesehen („Braunkohle", 11/63):

Kohle	80 bis 85 Mill. t
davon: Lignit	70 Mill. t
Erdöl	4 Mill. t
Erdölprodukte	10 Mill. t
Erdgas	2 Mrd. m^3

Die Nutzung der Quellen zur Gewinnung von Elektro- und Wärmeenergie wird sich von 24,2% im Jahre 1960 auf 37,2% im Jahre 1980 erhöhen. Für das Jahr 1980 wird mit einem Verbrauch an Elektroenergie von 65 Mrd. kWh gerechnet, wovon 50 bis 55 Mrd. kWh aus eigener Erzeugung erbracht werden sollen. Gegenüber 1960 bedeutet das eine

Erhöhung um das 1,4fache. Der gesamte Energieverbrauch soll sich von 10,4 Mill. t SKE auf 58 Mill. t SKE im Jahre 1980 erhöhen. Der Anteil von Erdölprodukten und Erdgas wird im gleichen Zeitraum von 14% auf 38% anwachsen; von 65% auf 45% wird sich der Anteil der Kohle verringern. Über die Kohlenvorräte Bulgariens für die Zeit von 1960 bis 1980 werden folgende Zahlen veröffentlicht:

	Mögliche Vorräte Mill. t	Sichere Vorräte Mill. t	Gewinnbare Vorräte		
			Mill. t	Mill. t SKE	%
Anthrazit	17	7	5	4	0,4
Steinkohle	69	43	34	24	2,6
Braunkohle	408	300	256	123	13,2
Lignit	5541	4131	3718	781	83,8
Zusammen	6035	4481	4013	932	100,0

Die Abbauverluste wurden bei der Ermittlung der gewinnbaren Brennstoffvorräte für Anthrazit mit 25%, Steinkohle mit 20%, Braunkohle mit 15% und Lignit mit 10% berechnet. —s—

Entwicklung der Kohlenförderung in der VR Bulgarien

Die Steinkohlenförderung soll sich in der VR Bulgarien wie folgt entwickeln („Braunkohle", 11/63):

	1960	1965	1970	1980
Förderung in 1000 t	409	1100	1200	1250
Förderung in 1000 t SKE	284	665	718	752
Anteil der Gesamtförderung in %	2,5	3,0	2,2	1,5

Die Anthrazitförderung steigt wie folgt an:

	1960	1965	1970	1980
Förderung in 1000 t	161	250	300	930
Förderung in 1000 t SKE	114	178	358	623
Anteil der Gesamtförderung in %	1	1	1,8	1,6

—s—

Braunkohlenförderung in den USA

Die Braunkohlenförderung in den USA (North Dakota, South Dakota und Montana) erreichte nach einem Jahresbericht des US Bureau of Mines im Jahre 1962 insgesamt 3,055 Mill. t. Gegenüber 1961 stieg sie damit um etwa 15%. Außerdem wird in Texas etwa 1 Mill. t Braunkohle in einem industriellen Schwelkraftwerk eingesetzt; in Kalifornien werden geringe Mengen zur Herstellung von Montanwachs gewonnen.

Die sicheren Braunkohlenvorräte der USA werden mit etwa 400 Mrd. t angegeben, die wahrscheinlichen Vorräte sollen 1800 Mrd. t betragen („Braunkohle", 1/64). Der Gesamtenergieverbrauch der USA an Braunkohle belief sich 1962 auf 0,13%. Auf den Heizwert bezogen deckte er 0,42% des gesamten Kohlenverbrauchs der USA.

Im ersten Halbjahr 1963 blieb die Braunkohlenförderung in North Dakota um 17,1% hinter dem gleichen Zeitraum des Vorjahrs zurück.

In uranhaltigen Felderteilen von Dakota wird die Kohle großflächig freigelegt und im Flöz verbrannt. Der in der Asche verbleibende Urangehalt wird mit Saugbaggern abgesaugt und zu einer Uranaufbereitungsanlage transportiert. —s—

Erhöhung der Braunkohlenförderung in der ČSSR

Einem Ende 1963 genehmigten Plan für den Abbau des nordböhmischen Braunkohlenbeckens zufolge soll die Jahresförderung in den nordböhmischen Braunkohlenrevieren bis 1980 auf 107,5 Mill. t erhöht werden. Die jetzige Förderung beträgt 50 Mill. t („Brennstoff-Chemie", 4/64). Es ist auch der Ausbau der nordböhmischen Kraftwerke vorgesehen. Durch die Errichtung von Großkraftwerken sollen die nordböhmischen Kraftwerke bereits in naher Zukunft 54% des Gesamtenergiebedarfs der ČSSR decken. Zur Zeit erzeugen die in Nordböhmen gelegenen Kraftwerke nur etwa 14% des Strombedarfs des Landes. —s—

Erze

Die Erzförderung in Österreich

Im österreichischen Erzbergbau weist (nach DIM, 13. 4. 1964) die Produktion 1963 gegenüber 1962 im allgemeinen einen leichten Rückgang auf. Es wurden gefördert (in t):

	1963	1962
Eisen- und Manganerze	3734400	3751404
Blei-Zink-Erze	187908	194448
Kupfererz	138168	142716
Graphit	99588	89280
Antimonerz	17556	16980
Bauxit	17832	16980
Schwerspat	2052	1080
Rohmagnesit	1312782	1607412

—Ha—

Steigerung der nordamerikanischen Eisenerzproduktion

Von der Industrie der USA und Kanadas wurde in den letzten Jahren unter Investierung von 1,5 Mrd. $ die Erschließung neuer Eisenerzlager in Angriff genommen. Die bereits fertiggestellten Anlagen liefern eine Jahresproduktion von 36 Mill. t hochgradiger Eisenerzpellets. Nach vollständiger Ausführung der Projekte wird eine solche von 50 Mill. t erwartet. Der Rückgang der Eisenerzförderung der USA im vergangenen Jahrzehnt von 118 auf 66 Mill. t soll dadurch mehr als ausgeglichen werden. Das größte Projekt ist das der Wabush Mines in Labrador, deren Produktion 1965 mit einer Anfangskapazität von 5,5 Mill. t Eisenerzpellets beginnen soll. In den neuen Gruben von Neufundland, den größten Kanadas, hat die Förderung — mit einer Kapazität von ebenfalls 5,5 Mill. t — bereits begonnen.

—Ha—

Neue Erzlagerstätten

Im Namapadistrikt von Nordmozambique wurden zwei große zutage ausstreichende Eisenerzlagerstätten gefunden („Engineering and Mining Journal", Nr. 3, 1964, S. 158). Eine davon wird auf 20 Mill. t geschätzt. Nach amerikanischen Laboruntersuchungen enthält das Erz 96,40% Eisenoxyd. Ferner sind 0,2% Titan mit 1% Columbiten und 0,9% Tantaliten sowie 1,5% Zinn vorhanden.

Im Bamangwato-Gebiet von Betschuanaland, 60 Meilen westlich von Francistown, wurde von Geologen des Rhodesian Selection Trust nach vierjährigen Erkundungen eine neue Kupfererzlagerstätte gefunden, deren Umfang noch nicht ermittelt ist.

Bei dem Dorfe Radovis in Ostmazedonien wurde die Eisenerzgrube Damjan, eine der reichsten und modernsten Gruben Jugoslawiens, in Betrieb genommen. Die Vorräte an Magnetit-Hämatit-Erzen werden auf 11 Mill. t geschätzt.

Nahe der Westküste von Mexiko wurden in dem sehr abgelegenen, durch Straßen noch nicht erschlossenen Chinicuila-Coalcoman-Gebiet an der Colima-Michoacán-Grenze Eisenerzlagerstätten gefunden, deren Vorräte auf 50 Mill. t geschätzt werden. —s—

Sonstiges

Eine einfache Methode zur absoluten Altersbestimmung

wurde am Institut für Geophysikalische Erkundung der Karl-Marx-Universität Leipzig von LAUTERBACH & Mitarbeitern entwickelt. Es handelt sich dabei um eine Grobmethode, die nicht mit einem der bekannten Verfahren zur absoluten Altersbestimmung konkurrieren will, die aber an Schnelligkeit und Einfachheit kaum zu überbieten ist. Die

Altersbestimmung eines Handstücks oder Bohrkerns dauert etwa eine Stunde. Die Probe braucht dabei weder zerstört noch aufbereitet zu werden.

Die Methode ist allerdings nur für Gesteine anwendbar, von denen man annehmen darf, daß sich seit ihrer Bildung der primäre K_2O-Gehalt nicht durch Metamorphose oder Metasomatose geändert hat. Bisherige Untersuchungen haben ergeben, daß sich die absolute Altersbestimmung mit dieser Methode am besten bei rhyolithischen Gesteinen durchführen läßt, da bei diesen einmal die genannte Voraussetzung gut erfüllt ist und zum anderen ein ausreichender K_2O-Gehalt vorliegt. Basische Vulkanite enthalten für die Anwendung dieser Methode zu geringe K_2O-Gehalte, während bei Sedimenten die Voraussetzung des erhalten gebliebenen primären K_2O-Gehaltes meist als nicht erfüllt angenommen werden muß. Rhyolithische Gesteine liegen jedoch aus fast allen Altersbereichen der Erdgeschichte vor, so daß die Bedeutung der Methode von LAUTERBACH durch die genannte Einschränkung kaum geschmälert ist.

Die Methode geht davon aus, daß jedes Kalium bei der Bildung eines Gesteins zu 0,001309% das radioaktive Isotop K 40 enthält. Mit Ablauf der Zeit zerfällt dieses Isotop nach der Gleichung

$$N = N_0^{-0,533\,t} \quad (t \text{ in } 10^9 \text{ Jahren})$$

Darin ist N_0 die Menge des primär bei der Gesteinsbildung vorhandenen K-40-Isotops und N die gegenwärtig noch vorhandene Menge dieses Isotops. N_0 kann in sehr guter Näherung als $0{,}00001309 \cdot K\,\%$ angenommen werden, wo K % den heutigen Kaliumgehalt darstellt, der leicht durch eine chemische K_2O-Bestimmung erhalten werden kann. Der K_2O-Gehalt der Rhyolithe ist jedoch hinreichend konstant, so daß die Bestimmung nicht jedesmal zu erfolgen braucht. Ein Mittelwert leistet hier völlig ausreichende Dienste. Die Größe N kann aus der Intensität der K-40-Linie in einem Gammaspektrogramm der Gesteinsprobe entnommen werden. Aus obenstehender Formel läßt sich dann das Gesteinsalter leicht berechnen. ZEUCH

Vorrichtung zum Entnehmen fester Proben aus Erdformationen

Im allgemeinen werden Kerne oder Proben aus Erdformationen so erhalten, daß eine für das Entnehmen von Proben aus der Seitenwand eines Bohrlochs dienende Vorrichtung bis auf das Niveau der zu untersuchenden Formation abgesenkt wird. Der unmittelbaren Probeentnahme dient eine Schießeinrichtung für eine Anzahl von hohlen Geschossen. Werden die Geschosse gegen und in die Formation abgefeuert, nehmen sie hierbei das Formationsmaterial auf.

Bei diesen Geschossen kommt es darauf an, daß sie die richtige Explosivkraft haben. Um ein mehrmaliges Ausprobieren zu vermeiden, müssen sich die Geschosse durch vielseitige, wirksame und zuverlässige Anwendungsmöglichkeiten unter verschiedenen praktischen Verhältnissen auszeichnen. Deshalb weist ein neuentwickeltes Geschoß an seinem Vorderende einen Schneidring auf dem Geschoßkörper auf. Nur ein Teil des Schneidrings wird beim Abfeuern in die Formation freigegeben, und zwar derart, daß der Geschoßkörper mit einem Probenkern aus der Formation zurückgeholt werden kann.

Die Schießeinrichtung (10) hat eine zylindrische Bohrung (14), an die nach innen eine Bohrung (15) mit kleinerem Durchmesser anschließt. Die sich bis nahe der Hinterseite (16) der Schießeinrichtung erstreckende Bohrung (15) bildet eine Kammer zur Aufnahme eines geeigneten üblichen Treibmittels (17), während die Bohrung (14) zur Aufnahme einer erfindungsgemäßen, im wesentlichen zylindrischen Probenentnahmevorrichtung bzw. Geschoßbaugruppe (18) dient.

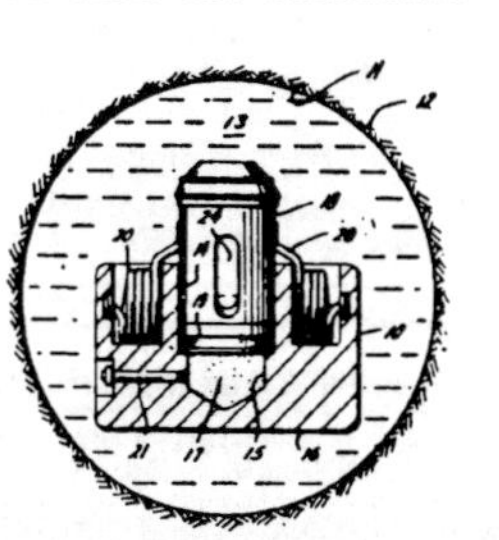

Querschnitt eines Bohrlochs mit darin befindlicher neuartiger Vorrichtung vor Abfeuern eines Geschosses

Die Geschoßbaugruppe bzw. das Geschoß (18) hat im Bereich seines hinteren Endes eine ringförmige Nute (19), in die ein O-Ring zwecks Abdichtung der Baugruppe innerhalb der Bohrung (14) eingesetzt ist. Ferner sind flexible Rückholkabel (20) zwischen Geschoßbaugruppen und Schießeinrichtung (10) vorgesehen, um das Geschoß nach seinem Eindringen in die Gesteinsschichten wieder herauszuziehen. Ein in geeigneter Weise in der Schießeinrichtung (10) angeordneter Zünder (21) kann zum Entzünden des explosiven Treibmittels (17) benutzt werden; beim Auslösen des Schusses wird das Geschoß gegen und in die Formation abgefeuert. DBP.-Anm.: 1156729.H. FRIEDEMANN

Ein amerikanisches Moho-Projekt

Eine Bohrplattform, von der aus am Rande eines Grabengebiets im Pazifik eine Bohrung bis auf 10000 bis 12000 m Teufe niedergebracht werden und unter 4000 bis 5000 m Wassertiefe und 5000 bis 6000 m pazifischer Erdrinde die Mohogrenze durchstoßen soll, wurde von der US National Science Foundation in Auftrag gegeben („Erdöl-Zeitschrift", Wien, Februar 1964). Die von zwei in 25 m Wassertiefe schwimmenden Hohlkörpern getragene Plattform soll über noch tiefer angebrachte Schwimmkörper so verankert werden, daß sie durch den Seegang nicht gestört werden kann. Ein auf dem Meeresboden geschaffener Trichter soll den Turbinen- und den Meißelwechsel erleichtern. —Ha—

Großverwendung von Kamilit zur Isolierung

Die besser als Glasfaser isolierende Mineralfaser Kamilit, die aus Kupfer- und Eisenschlacke sowie Kalkstein hergestellt wird und mit deren Produktion das Mineralfaserwerk Karsdorf (Unstrut) begonnen hat, soll im Erdölverarbeitungswerk Schwedt in großem Umfang zur Isolierung von Dampfrohrleitungen verwendet werden. —Ha—

Proklamation der Regierung der DDR über den Festlandsockel an der Ostseeküste

Die Erforschung und Nutzung der Naturreichtümer des Meeresgrundes und des Meeresuntergrundes der an die Ostseeküste der DDR grenzenden Unterwasserzone außerhalb des Küstenmeeres sind ein uneingeschränktes Hoheitsrecht der Deutschen Demokratischen Republik, das aus dem allgemein anerkannten Völkerrechtsgrundsatz der souveränen Rechte der Staaten an den Naturschätzen des ihren Meeresküsten vorgelagerten Festlandsockels resultiert.

Dieser Völkerrechtsgrundsatz enspricht der Staatenpraxis und ist insbesondere in der Genfer Konvention über den Festlandsockel vom 29. April 1958 bestätigt worden.

Die Regierung der Deutschen Demokratischen Republik erklärt, daß für alle Maßnahmen zur Erforschung und Nutzung des Festlandsockels der DDR eine ausdrückliche Zustimmung der zuständigen Behörden der Deutschen Demokratischen Republik notwendig ist. Die Regierung der DDR behält sich vor, gegen Handlungen, die ohne Zustimmung der zuständigen Behörden der DDR vorgenommen werden, entsprechende Maßnahmen zu ergreifen.

Die Regierung der Deutschen Demokratischen Republik erklärt ihre Bereitschaft zu zwischenstaatlichen Vereinbarungen über die Abgrenzung des Festlandsockels der DDR gegenüber dem Festlandsockel benachbarter Staaten an der Ostsee nach dem in der Genfer Konvention über den Festlandsockel vom 29. April 1958 niedergelegten Prinzip der Abgrenzung. Sie gibt ihrer Überzeugung Ausdruck, daß die Abgrenzung des Festlandsockels in der Ostsee neue Möglichkeiten der Erforschung und Nutzung der Reichtümer des Meeres erschließen und auch die freundschaftliche Zusammenarbeit der Anliegerstaaten der Ostsee weiter fördern wird.

Berlin, den 26. Mai 1964

gez. W. Stoph,
Erster Stellvertreter des Vorsitzenden des Ministerrates

gez. Dr. Bolz,
Minister für Auswärtige Angelegenheiten

In den nächsten Heften

der

Zeitschrift für angewandte Geologie

erscheinen u. a. folgende Beiträge

S. Pratschko: Lagerstättenparameter durch Druckanstiegs- und Spiegelanstiegsmessungen in Gas- bzw. Wassersonden

W. Gotte: Zur Methode des Wägens bei der Berechnung des Durchschnittsgehaltes

H. Reh: Geologie und Lagerstättenverhältnisse Kambodschas

G. Seidel: Geologischer Aufbau, chemische Zusammensetzung und Eignung der Kalziumsulfathorizonte von Thüringen

B. Řezáč: Jodobrom-Tiefenwässer des Ostrava—Karvináer Reviers und die Perspektiven ihrer ökonomischen Verwertung

R. Köhler & G. Herzog: Die Ermittlung der maximalen Wasseraufnahmefähigkeit, insbesondere mit dem Enslingerät neuer Bauart

C. Adam: Systematische Untersuchung plastischer keramischer Rohstoffe und Auswertung von Untersuchungsergebnissen

L. Fröhlich: Einige Einsatzmöglichkeiten geoelektrischer Meßverfahren bei der Baugrunduntersuchung

H. Hoffmann: Zur Erreichung einer größeren Erkundungstiefe; Statistische Auswertung tieferer Reflexionen in Ostbrandenburg und der Niederlausitz

Herausgeber: Zentrales Geologisches Institut und Zentrale Vorratskommission für mineralische Rohstoffe der Deutschen Demokratischen Republik. Für die kollektive Chefredaktion: Dr. K. Kauter (Redaktionssekretär), Berlin. Redaktion: Berlin N 4, Invalidenstraße 44. Verlag: Akademie-Verlag GmbH, Berlin W 8, Leipziger Straße 3—4 (Fernsprecher 220441, Telex 011773, Postscheckkonto: Berlin 35021). Bestellnummer des Heftes 1047/10/8. Alleinige Anzeigenannahme DEWAG-WERBUNG, Berlin C 2, Rosenthaler Str. 28/31, und alle DEWAG-Betriebe in den Bezirksstädten der DDR. Die „Zeitschrift für angewandte Geologie" erscheint monatlich. Bezugspreis 2,— DM je Heft. — Satz und Druck: VEB Druckhaus „Maxim Gorki", Altenburg. Veröffentlicht unter der Lizenznummer 1279 des Presseamtes beim Vorsitzenden des Ministerrates der Deutschen Demokratischen Republik. Kartengenehmigung: Nr. 575/64

Blatt	11	Titelmuster für Grubenrisse und bergtechnische Zeichnungen
„	12	Die Farbgebung im Rißwerk
„	13	Allgemeingültige Zeichen für Grubenbaue (Steinkohlenbergbau)
„	14	Zeichen für das Flözrißwerk
„	15	Zeichen für Braunkohlentagebau
„	16	Zeichen für Gang- und Lagerbergbau
„	17	Zeichen für Erztagebau
„	18	Zeichen für Kupferschieferbergbau
„	19	Zeichen für Kali- und Steinsalzbergbau
„	20	Zeichen für Bergbau auf Steine und Erden
„	21	Zeichen für Erdöl- und Erdgaserkundung und -förderung
„	22	Zeichen für Grenzen und Rechte
„	23	Zeichen für Sonderrisse
„	24	Zeichen für Leitungen und Kabel
„	25	Zeichen für geplante und projektierte Anlagen
„	26	Zeichen für Abbaueinwirkungen
„	27	Zeichen für Netzpläne
„	28	Vermessungstechnische Zeichen im bergmännischen Rißwerk
„	29	Topographische Zeichen im bergmännische Rißwerk
„	30	Sinnbilder im bergmännischen Rißwerk
„	31	Stratigraphische Gliederung
„	32	Zeichen für geologische Störungen, Grenzen, Linien, Schichten und für Kleintektonik
„	33	Allgemeingültige geologische und petrographische Zeichen
„	34	Geologische Zeichen für den Steinkohlenbergbau
„	35	Geologische Zeichen für den Braunkohlentagebau
„	36	Abkürzungen
„	37	Die topographischen Karten

Der Standard ist eine unentbehrliche Arbeitsunterlage für alle Markscheidereien sowie für alle technologischen und geologischen Abteilungen der Bergbaubetriebe. Ebenso wichtig ist er für alle Institutionen, Abteilungen und Dienststellen, die mit bergmännischen Rissen, Karten und Plänen sowie mit geologischen Darstellungen arbeiten. Er sollte daher in keiner der vorgenannten Einrichtungen fehlen.

Der Preis für den Gesamtstandard wird etwa 80,– DM betragen.

Da mit einer starken Nachfrage für diesen Standard zu rechnen ist, bitten wir Sie, schon jetzt Ihre Bestellung zu einem Subskriptionspreis von 90 % des endgültigen Verkaufspreises an den VEB Fachbuchverlag, Abt. Standardisierung, auf beiliegendem Bestellzettel bis 30. 8. 1964 aufzugeben.

Absender:

VEB FACHBUCHVERLAG
Abt. Standardisierung

LEIPZIG W 31

Karl-Heine-Straße 16

Zeitfracht Medien GmbH
Ferdinand-Jühlke-Straße 7
99095 Erfurt, Deutschland
produktsicherheit@kolibri360.de